자동차 인문학을 품다

채영희 · 신명호 · 오창호
정주연 · 손정현 · 이연원 지음

GS인터비전

머리말

우리는 이제 자동차 없는 세상을 상상하기 힘들 정도로 자동차에 중독되어 있다. 해마다 더 멋지고 새로운 자동차가 출시되기를 손꼽아 기다리기도 하고 도로를 주행하는 처음 보는 자동차에 시선을 빼앗기기도 한다.

차를 가지지 못한 사람은 차를 가지기 위해, 차가 있는 사람은 더 좋은 차를 가지기 위해 더 열심히 일하게 되기도 한다. 이렇게 우리는 자신을 가고 싶은 곳으로 데려다 주는 자동차와 매일 사랑에 빠진다. 그런데 우리는 정작 자동차를 만드는데 사용되는 많은 공학지식에 대해서는 거의 관심이 없다. 아니 관심이 없는 것이 아니라 고등학교 교육과정에서 문과와 이과로 구분되어 교육받은 이후 관심을 가지는 것이 허용되지 않았다고 해야 옳을 것이다. 그래서 우리 인문학자에게는 공학이 낯설기만 하다.

어느새 일상의 편리함에 익숙해져서 매일 다루는 사물이 고장이 나지 않는 한 그것이 움직이는 원리와 그 사물을 고안한 발명가와 연구자들이 투여한 시간에 무지하다. 아마도 공학자에게는 인문학의 이런 무지가 불편하기만 할 것이다. 그래서 인문학자와 공학자 몇이 모여 서로가 좋아하는 자동차라는 사물을 매개로 말문을 열게 된 것이 이 책으로 엮어지게 되었다.

아직도 물과 기름처럼 서로 잘 이해하지 못하는 부분이 많지만 그래도 인문학자와 공학자의 융합의 시도가 자동차 공학도에게도 인문학도에게도 신선한 충격이 되어줄 것이라고 믿는다.

100여 년 전 조선을 방문했던 미국 천문학자 퍼시벌 로웰은 조선을 '모자의 나라'라고 했다. 그러고 보니 계절·신분·성별 등에 따라 온갖 유형의 모자가 있었고 그 모자들은 자신의 의지와 상관없이 자신이 속한 신분을 구분해주던 표지였다. 이제 우리는 모자를 그때만큼 즐겨 쓰지는 않지만 모자를 대신할 사물을 찾은 것 같다. 한국에서 자동차는 조선의 모자와 같다고 했더니 공학자들은 웃었고 인문학자들은 수긍했다.

부족한 책을 출판하기로 해준 GS인터비전 송기수 사장님께 감사드린다.

2012년 8월
인간 자동차 인터페이스 연구회

차례

1 CHAPTER

인문학 자동차를 탐하다

1. 인문학과 공학의 말 트기
2. 인문학과 공학의 벽 허물기
3. 인문학자의 공학 엿보기
4. 인문학과 공학 마주보기

1. 인문학과 공학의 말 트기

근대 산업 경제를 주도한 대부분의 국가가 자동차 산업을 통해 급속한 발전을 해왔음을 알 수 있다. 19세기 말 유럽에서 발명된 자동차는 20세기 포드주의라고까지 명명하게 된 자동차의 대량생산을 거쳐, 1980년 이후 일본 도요타의 놀라운 생산 시스템의 변화를 거치면서 세계 경제의 중심이 되었다. 한국도 자동차 생산국으로 세계 5위의 생산량을 기록하면서 국가 발전을 주도적으로 이끌고 있다. 이제 우리나라도 선진국의 자동차 생산기술을 따라 잡기 위한 기술 발전에 대한 연구도 필요하지만 자동차 생산국에 맞춤하는 자동차 문화적 수준도 필요한 시점이 되었다. 그래야만 신흥 자동차 강국으로 등장하는 중국과 인도의 저렴한 인건비와 유럽 국가의 기술이전으로 무서운 추적을 하고 있는 그들을 이겨낼 수 있을 것이다. 세계 5위의 자동차 생산국이면서 그에 어울리는 자동차 문화를 논의할 시점이기도 하다.

우리나라의 자동차 시장은 점점 공급과잉이 되어가고 있고 자동차로 인한 대기 오염, 도시 집중화, 도로 건설을 위한 환경 파괴 능의 여러 문제에서 자유로울 수 없다. 이러한 상황에서 자동차 산업이 활성화 되고 경쟁에서 생존하기 위해서는 자동차의 이동성뿐만 아니라 안전과 편의를 통한 지능화를 추구해 다른 나라의 자동차와는 차별화 전력이 필요하다.

박영준(2009:178)에서는 '기존의 자동차가 속도와 내구성만을 강조한 이동수단 이였다면 이제는 자동차가 환경과 탐승자의 안전, 편의까지 고려한 제 3의 생활공간'이라고 하고 미래 자동차산업은 (2009:184) 친환경, 지능형, 편의 자동차의 융합 기술에서 우열이 가려질 것으로 전망하고 있다.

이처럼 과학의 발견을 근거로 한 공학 기술의 놀라운 발전에 자동차의 발달은 우리 생활전반에 영향을 주고 나아가 개인과 사회 전반의 소통의 축을 형성하면서 현재 우리사회의 새로운 산업 동력이 되고 있다. 산업의 발전 속도가 빨라질수록 사물을 쓸모 있음과 쓸모없음의 이분법적 논리가 주도하는 경제적 가치 중심적 사회가 되어가고 있었다. 그런데 성공한 사업가인 빌게이츠와 스티브 잡스의 인문학의 필요성에 대한 언급을 계기로 책상물림으로만 여기던 인문학을 갑자기 쓸모 있음으로 분류하면서 사회 전반에 인문학 강좌가 인기몰이를 하고 있는 현 상황을 어떻게 해석해야 할까?

인문학에 대한 일반인의 관심은 오로지 생존을 위해 전력 질주한 우리 사회가 드디어 생활의 풍요로움을 추구하기 시작한 전조로 이해되기도 하지만 높게 담을 쌓고 서로의 학문영역을 들여다 볼 창문도 없던 폐쇄적 학문영역끼리의 융합의 필요성에 대한 욕구가 생긴 이유는 무엇이며, 인문학은 공학과의 만남에서 무엇을 해줄 수 있고 공학에서 무엇을 얻을 수 있는지에 대한 고민을 하지 않을 수 없다.

인간의 기억을 다루는 학문 분야인 역사학과 인간의 이성문제에 대한 탐구를 하는 철학, 그리고 인간이 하는 모든 상상을 언어와 음악, 이미지 등으로 재현해 내는 예술이라는 인문학은 인간 이해를 위한 가장 근본적인 질문에서 태동한 학문이다. 그러나 같은 가지에서 시작한 인문학마저도 연구방법의 유사성은 있지만 최근의 다학문적 융합의 문제에서 자유롭지 못하다. 인문학 내에서도 같은 대상을 다른 언어로 정의하거나 규명하는 일이 많은데 하물며 학문의 경계를 넘는 일이 연구자나 학습자에게

쉽지 않은 모험이라고 생각한다.

인문사회과학 기술의 융합연구가 활성화되지 못하는 이유를 지적한 과학자이면서 소설가인 스노우 C.P.Snow(1964)의 지적은 설득력이 있다. 그는 '두 문화(The Two Culture)'라는 글에서 스펙트럼의 한쪽 끝에 예술가와 지식인이 있다면 반대 쪽 끝에 과학자가 있으며 이 둘 사이에는 어떠한 공통점을 찾을 수 없다'고 주장하였다. 인문학과 공학은 완전히 다른 학문 분과체계를 이루며 서로 다른 궤도로 발전되었다. 다른 학문영역간의 융합이 되기 위한 전제는 우선 서로 소통이 가능한 언어가 있어야 할 것이다. 낯선 남녀가 만나 연인 사이로 발전하기 위해서는 말이 통해야 하는 것과 같다.

최근에 와서 기술 번역자라는 새로운 직업군이 등장하기는 했지만 과학기술의 눈부신 발전을 설명하는 대중적 글이 절실하다. 뿐만 아니라 대다수의 이공계 수업 교수들은 용어 번역의 어려움으로 인해 한국어보다는 외국어로 수업하는 것이 훨씬 더 수월하다고 생각할 것이다. 서구에서 유입된 새로운 신지식과 기술을 받아들이면서 우리는 이러한 용어들을 우리의 것으로 전환하기 위해 어떠한 노력을 해왔으며 우리의 모국어를 더욱 풍부하게 하여 사유의 폭을 넓혀나가는 일에 어떤 노력을 했는지에 대한 국어학자로서 깊은 반성도 하게 된다. 대학에서 과학적 지식이나 기술 학습을 위해 한국어를 마치 신라시대 우리 문자가 없어 한자어를 변형하여 쓸 수밖에 없던 시절의 이두처럼 사용하면서 다음 세대의 교육에 주력한다면 모국어가 가진 사유의 도구로서의 기능은 점차 소멸 될 것이고 나아가 학문적 식민성을 탈피하기 어렵게 될 것이다.

그러므로 서구에서 들어온 과학 기술이 지닌 한계라고 단정하고 이를 무조건 수용하는 태도보다 우리 현실에 맞는 용어 정립과 신기술 유입에 따른 정확한 용어 마련 등에 대한 다학문간의 협력이 우선되어야 서로의 튼튼한 학문 벽의 높이를 낮추는 계기가 될 것이다. 모국어는 우리 사유의 근간이며 이를 통한 교육과 기술 지원이 가능할 때 민족의 자긍심을 보존하게 될 것이다.

용어 정의에 따른 혼란을 최소화 한다면 다양한 학문 분야의 연구자들의 의사소통 문제가 어느 정도 해소 되어 이를 바탕으로 서로 다른 영역 학문과의 융합을 모색하게 될 수 있을 것이다. 그렇게 된다면 공학 기술의 발전을 위해서는 각 학문 분야가 사용하는 용어상의 혼란을 최소화하여 연구자들이 상호 교류가 가능하게 되고, 거기서 도출된 뛰어난 융합 연구결과물들이 산업 영역과의 원활한 소통의 장으로까지 확대 될 수 있을 것이다. 공학자와 언어학자들이 서로 머리를 맞대고 전문지식의 전달을 위해 해당 용어와 개념 분석을 통해 학문 내부뿐만 아니라 인접 분야와의 의사소통도 효율적으로 이루어질 수 있도록 하는 일이 우선 되어야 할 것이다. 동일한 개념을 서로 다른 용어로 지칭한다거나 잘못된 용어를 사용하여 지식 소통에 차질이 생기는 경우를 최소화하고 서로의 필요성을 인식할 수 있도록 말문이 트여야 하는 것이다.

2. 인문학과 공학의 벽허물기

몇 년 전 국문학과에서 영상 CT 사업 분야로 누리사업의 지원을 받으면서 학생들에게 다양한 도전을 하게 했었는데 흥미로운 것은 공대에서 전과해 온 학생일수록 영상 산업과의 친화속도가 본래 국문학과를 지원한 학생들에 비해 높았다는 사실이다. 학생들과 공동 작업을 하면서 공대에서 2년 정도 교육을 받고 국문학과로 전과한 학생들이 문화산업의 장르를 탐험하고 이해하는 것과 순수 문학도가 주어진 과제 해결 능력에 보이는 차이점에 대해 주의 깊게 관찰하게 되었다. 고등학교 교육과정에서 문과와 이과로 나누어 서로 다른 별종을 보듯이 나누어 버리는 현재의 교육환경이 만든 폐쇄성을 절감한 시간이었다. 그러나 융합이 필요한 어떤 부분에서는 인문학도로 길러진 학생들과 공학으로 무장한 학생들의 상호 협력 과정을 보면서 융합교육의 필요성을 절실히 요청하게 된 것이다.

공학도는 인간 사회의 가치 같은 것에서는 완전히 초연한 별세계를 다루는 것으로 생각하고 과학기술에 대한 연구는 인간의 다른 창소적 문화활동과는 전혀 성격이 다른 기계적이고 맹목적인 일이라고 믿는 인문학도들의 소통과정을 눈으로 보면서 서로 벽이 더 견고해지기 전에 말이 통하고 벽을 허무는 작업이 교육에 필요함을 그리고 연구에까지 확장되어야 함을 알게 되었다. 그들을 통해 같은 대상을 서로 다르게 보는 법과 다른 대상을 서로 한 묶음으로 분류 가능한 설명적 근거를 만드는 법의 필요성이 교육되어야 함을 알게 되었다. 김영식(2007)에서 '자연과학도 결국 문학, 예술이나 다른 학문분야와 같이 인간의 창조적인 문화 활동의 일부이고 따라서 과학자의 가치관, 창조력, 상상력 등이 작용하는 학문이다'라고 하면서 자연과학과 인문학의 편견을 조심해야 한다고 했다. 인문학과 공학은 '오만과 편견'의 남녀 주인공처럼 서로에 대한 편견을 버릴 때 비로소 서로에 대한 진정성을 가지고 사랑이 싹트는 것이다.

3. 인문학자의 공학 엿보기

융합 교육에 있어 우선되어야 할 것은 학문간 협력의 여러 가지 양상에 대한 논의가 필요하다. 각 학문 영역이 가진 이론적 장점이나 연구 방법을 활용하여 새로운 개념적 틀을 생성하기 위해서는 많은 시간적 투자와 노고가 있어야 하지만 우선 공유대상에 대한 논의, 그리고 공유 방법에 대한 논의, 서로 오랫동안 반목하면서 발전시켜온 이론에 대한 공유, 융합이 필요한 문제에 대한 공유 등의 영역에 대한 세부적 토론이 필요하다는 것이다.

1) 대상공유

인지언어학을 전공하는 필자에게 인간의 마음에 대한 탐구는 오랜 숙제이었기에 1980년 인지과학협동과정의 개설은 충분히 흥분되는 사건이었다. 학회에서는 컴퓨터 공학 전공자와 심리학자, 뇌구조를 연구하는 신경과학자, 인간의 마음을 통한 존재론적 질문에 접근하는 철학자들과 함께 인간의 두뇌구조에 대해 논의하는 과정에 대한 경험은 연구자들의 자발적인 융합의 과정을 경험하게 했고, 실어증에 대한 다학문적 접근 방법에 대한 연구가 진행되기도 했다.

그러한 연구결과들이 인지과학이라는 학문 분과를 새롭게 형성하게 하였고 여전히 연구는 현재 진행형이다. 이와 같이 특정 대상에 대한 연구자들의 자발적 연구가 앞으로 연구재단의 재정적 지원을 통해 더 많이 활성화되기를 바란다.

2) 방법 공유

방법의 공유에 대한 정확한 사례를 들기는 어렵지만 한국연구재단의 학제간 연구과제 중 유독 인간의 질병을 치유하는 명상의 가치를 재인식하는 내용이 많았다 이것은 의학에서도 인문 사회적 이해의 폭을 바탕으로 인간의 삶과 죽음을 보는 시각을 가지려는 시도이다. 인류가 발견한 질병에 대한 과학적 방법과 그 질병의 근원을 마음에서 비롯된 것으로 보는 이질적 방법은 새로운 성찰적 방법을 제시하게 될 것이다.

3) 이론공유

다양한 학문적 이론에 따른 여러 융합 모델이 가능하겠지만 여기서는 우선 필자가 전공하는 디지털 스토리텔링에 대한 예를 들어 보겠다. 아직 이론이라고 하기에는 이르지만 디지털 스토리텔링이라는 신조어는 예술과 문학, 전자 공학, 미디어학과 경영학에서 사용되는 용어로 1995년 미국콜로라도에서 열린 '디지털 스토리텔링 페스티벌'을 계기로 일반에게 쓰이기 시작했다.

이는 모든 사람들이 자기 이야기를 웹에 올려 작가가 되어보자는 즐거운 실험에서 시작해 여러 방면으로 확산되었다. 기호학의 이론적 틀은 언어와 문학적 텍스트 분석에만 국한된 것이 아니라 다양한 분야 영화, 애니메이션, 연극, 드라마 등 서사 장르가 허용되는 어떤 분야에도 적용가능하다. 이야기성(narrativity)의 인지가 근간이 되어 여러 문화산업에 융합 가능한 내용이다.

기존에 음악, 영상, 서사와 같이 명확한 구분 영역을 갖고 있던 다양한 요소들이 함께 이야기하기의 구성 요소 속에 포함되면서 스토리텔링이라는 전통이야기 방식을 공유한 포괄적이며, 언어적 요소 이외의 다른 요소들을 모두 통합된 새로운 이야기를 만들어낸다는 의미로서 사용되기 시작했다. 시각적, 청각적 이미지와 서사가 동시에 작용할 뿐 아니라 그러한 구분이 오히려 무의미해지는 다중성, 다감각성, 다매체성이 디지털스토리텔링의 중요한 측면이 되면서 여러 분과의 협력이 가능해지게 되었다.

4) 문제 공유

융합은 이제 새로운 시대의 요청이며 고령화 사회, 세계화, 기후 환경 변화 등 우리 앞에 산재한 복합적 문제를 해결하기 위한 학문에 직면하게 되었다. 최근 일본의 원전 사태를 눈앞에서 보면서 핵의 문제 해결에 여러 학문 분야가 함께 협력해서 풀어야 할 과제임을 인식하게 되었다. 과학기술의 발달은 한편으로는 선물이기도 하지만 그로 인해 상처를 받을 수 있음을 확인하는 순간이었다.

각각의 다른 전공분야의 연구자들이 서로 상호작용하고 서로의 일에 적극적으로 참여한다면 생산적이고 창조적인 제3의 영역의 탄생이 가능할 것이다. 어떤 사회나 시대의 새로운 것의 출현에는 개인의 뛰어난 천재성에 기인하기도 하지만 대다수는 개개인 상호협력에 의해 만들어진 창의적 결과물임을 우리는 알아야 한다. 그러기 위해서는 연구자들과의 활발한 교류를 통해 자신의 생각을 드러내어 말하고 서로 다른 생각들을 엮어 창조적 변형을 할 수 있도록 융합의 공간과 지의 향연들이 더 많이 펼쳐지기를 바란다.

4. 인문학과 공학 마주보기

1) 진리발견을 위한 협력

필자가 여러 학문 영역을 기웃되기 시작한 계기가 된 책은 고바야시 야스오(1994)가 동경대학교 교양학부 1학년을 위한 수업 부교재 '지의 기법'이라는 책에서였다. 국내에서 1996년 번역되었는데 1부는 학문의 행위론, 2부는 인식의 기술, 3부는 표현의 기술이라는 내용으로 되어 있는 수업 부교재이다.

그런데 그 책을 읽고 나서 '그들은 이렇게 다음 세대의 생각들을 단련하고 있구나' 라는 두려운 생각이 들었다. 그 이후 대학 교육과정에 교양교육의 중요성과 교육에서의 협력의 필요성과 방법에 대한 제언을 여러 차례 했지만 행정적 지원이 어려웠다. 단과대학 별로 각 학문 영역을 소개하고 각 학과 교수 중 전공 분야에 대한 개관을 하게 한다면 막연히 대학만 가면 모든 것이 다 될 것이라고 생각하고 온 신입생에게 어느 정도의 인생 좌표를 제공하지나 않을까 생각했다.

2) 기술 산업적 활용을 위한 협력

자동차 공학, 디자인, 언어학, 사학, 매체학 등의 융합을 통해 자동차와 사용자 간의 인터페이스에 대한 연구를 현재 진행하면서 다양한 분야의 협력을 기반으로 기존의 기계·기술 중심적인 논의를 인문 중심의 지평으로 확장하려고 노력하고 있다. 인터페이스에 대한 연구라던가 햅틱 기술에 대한 융합 연구는 기술산업적 활용면을 고려한 융합으로 동일한 대상이 다양한 용도와 가치를 표현하는 방법에 대한 적용 등이 가능할 것이다.

3) 공공적 활용을 위한 협력

인간이 삶을 영위하는 공간에 대한 연구는 건축학이나 토목공학의 문제가 아니라 인간의 삶의 터전과 땅의 무늬에 대한 깊은 성찰에서 비롯된다. 공간성과 장소성에 대한 질문과 인간의 기억이 상주하는 공간의 중요성에 대한 미학적 고민 등은 다학제적 융합이 가능한 것이어야 하며 다각도로 논의될 수 있는 분야이기도 하다. 에너지의 문제라든가 요즘 문제되는 SNS의 정치 참여허용이라든가 하는 문제의 해결에도 융합적 협력이 없이는 불가능할 것이다.

4) 문화발전을 위한 협력

문화 사업은 영상예술이 그렇듯이 그 자체가 공학과 예술, 인문학, 사회학 등의 총체적 실험장이다. 새롭게 등장한 디지털 매체 속에서 어떤 식의 이야기 전개가 가장 자연스러우며 소비자나 관객 혹은 청중의 호응을 받을 것인가에 대한 궁리와 기술의 발전은 서로 상생해왔다. 예를 들면 구전으로만 전해져 오던 이야기 형식은 구술자가 암

기하기 좋은 형태의 이야기로 변형되었으며, 이후 인쇄술의 발견은 인쇄매체를 이용한 새로운 이야기 문법으로 귀착되었다.

이렇게 되기까지 부단한 연습 과정 있었으며 지금과 같은 서사구조로 정착하는 데에는 반세기가 걸렸다. 이후 카메라기술의 발전으로 유성 영화라는 새로운 매체가 등장하게 되는 데 영화라는 매체의 스토리텔링에 적응하는데 걸린 시간도 몇 십 년이 걸렸다. 디지털 컴퓨터 매체를 플랫폼으로 한 소프트웨어 테크놀로지는 멀티미디어의 새로운 매체에 맞는 이야기 기법의 탄생을 예고했으며 앞으로 여기에 소요되는 시간은 얼마 되지 않을 것이다. 디지털 기반 기술과 첨단과학 그리고 인간 감성에 호소하는 예술 등의 융합적 노력이 문화발전을 위해 필요한 이유이다.

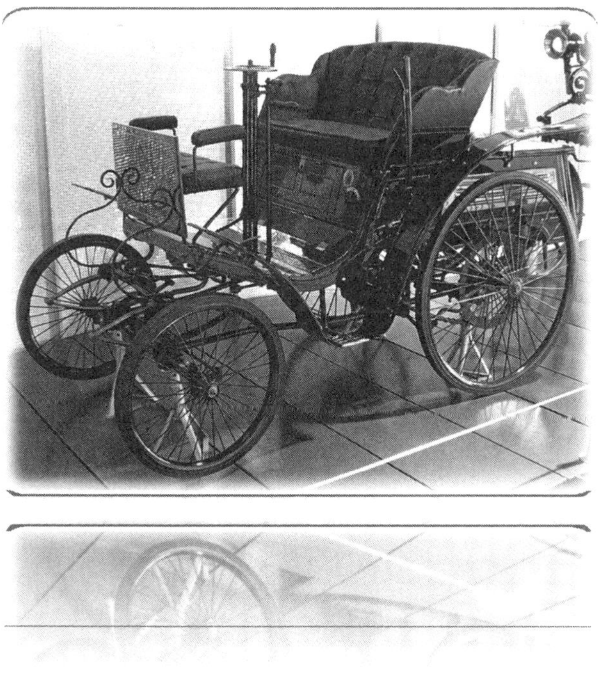

5. 미래를 위한 모색

이제까지가 인문학과 공학이 만나 말문을 트고 서로가 무엇을 어떻게 협력할 수 있을 것인가에 대한 고민을 한 것이라면 이러한 융합의 방법을 교육의 장에서 어떻게 펼쳐야 하며 창의적 사고란 언제 어떻게 발현하게 할 수 있을지에 대한 의문도 생긴다. 사람마다 그들의 고유한 특성을 드러내는 시기가 모두 다르듯이 학문도 창의적 융합이 가능하도록 하기 위해 일정한 훈련시간이 주어져야 한다. 천재적 수준의 창의성인지 일상적 수준의 창의성인지 아니면 전문가 수준의 창의성을 요구하는지에 대한 논의도 없이 창의교육의 문제를 거론하기에는 이르다.

융합을 통해 창의적 인재를 교육하는 방법에 대한 모색과 아울러 창의인재 양성 교육과정에 대한 설계도 있어야 하지만 이것은 단순히 학과의 통폐합으로 이룰 수 있는 문제는 아니며 무엇을 위한, 누구를 위한 융합인지에 대한 충분한 합의가 전제되어야 한다. 미처 숙성되기도 전에 선불리 만들어진 학문의 난립이 되지 않도록 하기 위해서는 공학기술의 객관성과 비판적 질문을 생성하는 인문학의 진정한 협력 연구 기반이 조성되어야 하지만 아직까지 우리 학문 풍토에 이제 시작일 뿐이다. 또한 인문학과 공학의 협력 연구는 예기치 못한 창의적 결과물을 만들어 낼 수 있지만 이러한 결과물은 현재의 평가기준으로는 가치 측정이 불가능하며 전문화 된 어떤 학술지에서도 기고할 수 없는 경우가 많다.

한 분야의 연구자들이 함께 연구하여 공동의 연구문제를 다루는 과정이거나 다양한 분야의 연구자들이 독립적으로 작업하든 각 연구자들은 각자의 분야에 특화된 관점으로 작업하면 최종적으로는 이러한 노력들을 종합해서 공동의 연구문제를 다루는 상호협력의 방법을 취하든 간에 연구자들이 연합해서 작업한 후 공유되는 개념적 틀을 개발하고 이 개념적 틀은 각 학문에 특화된 이론과 개념을 형성하고 방법을 통합하여 확장 하여 새로운 모델과 언어를 개발하게 되기 위해서는 인문학과 공학이 함께하는 다양한 분야의 연구자의 교류의 장이 확대되고 교육에서도 가능하도록 한다면 새로운 창의적 아이디어가 도출될 것이라고 믿는다.

만나서 어느 정도 시간이 지나야 말이 되고, 함께 한 추억이 있어야 따뜻한 포옹이 가능한 연인처럼, 인문학과 공학도 우선 대화가 될 수 있도록 서로의 언어를 다듬고 그 다음 함께 할 수 있는 공간과 작업이 주어진다면 서로의 생각을 나누고 견주는 일을 하게 될 것이다. 그러다 보면 찬 디지털 공학기술에 따뜻한 감성이 흘러 고단한 인간을 위로하고 배려하는 새로운 학문이 생겨날 것이라고 믿는다.

참고문헌

1. 김경동 외 (2010,) 『인문학 콘서트』, 이숲.
2. 김영식(2007), 『과학, 인문학 그리고 대학』, 생각의 나무.
3. 김성경(2009,) '실험보고서 분석에 토대를 둔 이공계 글쓰기 강의모듈', <작문 연구11집>.
4. 박영준 외(2009), 『진화하는 테크놀로지』,생각의 나무.
5. 박이문(2009), 『통합의 인문학』, 지와 사랑.
6. 신선경(2009), '자연과학텍스트에 나타난 유추와 은유' <한국어 의미학 29집>. 한국어의미학회.
7. J. 브룩만 ,안인희 역 (2006), 『과학의 최전선에서 인문학을 만나다』, 소소.
8. C.P. 스노우, 오영환 역 (1964/2009), 『두 문화』 , 사이언스 북스.
9. 월터 카우프만 ,이은정 역(2011,) 『인문학의 미래』, 동녘.

2 CHAPTER

한국 역사상 탈 것의 역사는 어떻게 시작 되었는가?

1. 한국역사상 최초의 탈것(오룡거 · 五龍車)
2. 삼국시대와 고려시대의 수레
3. 조선시대 국왕의 수레와 가마

1. 한국 역사상 최초의 탈 것, 오룡거(五龍車)

한국 역사상 탈 것 즉 수레와 관련된 문자기록으로 가장 오래된 것은 북부여의 해모수가 탔다고 하는 오룡거(五龍車)이다.

> "기원전 59년 4월 8일에 천제(天帝)가 흘승골성(訖升骨城)에 내려와 오룡거를 타고 도읍을 정하여 왕이라 일컬었으며 국호를 북부여라 하고 자칭 해모수라 이름 하였다. 아들을 낳아 부루라 하고 해(解)로서 성씨를 삼았다. 해부루 왕은 도읍을 동부여로 옮기고 동명제가 북부여를 이어 일어나 도읍을 졸본에 정하여 졸본부여가 되었으니 곧 고구려의 시조이다."[1)]

위에 의하면 오룡거는 천제인 해모수가 사용하던 수레였다. 그 이름이 오룡거인 이유는 아마도 다섯 마리의 용이 끌었기 때문이었을 듯하다. 해모수는 천제이기에 수레를 타고 하늘과 땅을 자유롭게 오르내렸을 것이며, 그렇기에 보통 말이 아닌 신비한 용이 그 수레를 끌었다고 생각되는 것이다.

위의 내용을 액면 그대로 믿기는 힘들다. 그렇다고 신화라 치부하고 아주 무시할 수도 없다. 어쨌든 위의 이야기는 아주 오랜 옛날부터 우리 조상들이 수레를 이용했음을 알려주기 때문이다.

수레는 근본적으로 바퀴를 이용하여 사람이나 물자를 운반하던 기구였

---

1) 『삼국유사』 북부여.

다. 따라서 수레의 전제는 바퀴이다. 한국 역사상 바퀴는 늦어도 청동기 시대부터 이용되었다. 현재 한국의 청동기 시대는 기원전 1천년에서 1천 5백년 정도에 시작된 것으로 판단되고 있다. 즉 지금으로부터 3천 년 전 또는 3천 5백 년 전이 한국 청동기 시대의 시작인 것이다.

한반도와 만주에는 청동기 시대에 축조된 고인돌이 수 만여 기나 산재되어 있다. 전라도에만 2만여 기 이상의 고인돌이 존재한다. 굄돌과 덮개돌로 구성되는 고인돌은 별로 크지 않은 것도 있지만 입이 떡 벌어질 정로로 거대한 것도 있다. 강화도 부근의 고인돌은 덮개돌 하나만도 80톤이 넘는다. 이렇게 거대한 덮개돌을 옮겨 고인돌을 만들기 위해서는 수백 명의 장정이 있어야 가능하다. 게다가 도구 역시 필요하다. 아무리 수백 명의 장정이 있어도 그 덮개돌을 효과적으로 옮길 도구가 없으면 안 되기 때문이다.

채석장에서 준비된 굄돌 또는 덮개돌이 옮겨질 때는 큰 통나무들이 이용되었다. 즉 길을 따라 큰 통나무들을 기찻길처럼 깔아 길을 만드는 것이었다. 그 위로 굄돌이나 덮개돌을 옮겨 놓고 끌거나 밀면 통나무가 바퀴처럼 굴러가게 된다. 요컨대 통나무가 바퀴의 역할을 하는 것이었다. 이렇게 보면 청동기 시대의 우리 조상들은 수만 기의 고인돌을 만들면서 헤아릴 수 없이 많은 통나무 바퀴를 사용했다고 할 수 있다.

위와 같은 과정에서 통나무 바퀴가 독자적인 바퀴로 발달하였다. 나아가 바퀴를 연결하는 축 및 끌채 등이 발달하면서 말이나 소가 끄는 수레가 등장하였다. 고고학 자료를 통해 볼 때, 기원전 7-8세기의 수레바퀴 조각이 평안도에서 발견되었는데, 이것이 우리나라에서 가장 오래된 수레바퀴이다.[2] 요컨대 한국의 역사에서 바퀴는 청동기 시대의 통나무 바퀴에

---

2) 김래환, 「평북지방에서 발견된 원시유적」, 『문화유산』 58-4, 1958 정동찬 윤용현 이강열, 「벽화를 통해서 본 고구려의 탈 것 문화」, 『고구려연구』 17, 2003.

서시작해 독자적인 수레바퀴로 발달하였고, 처음 통나무 바퀴는 사람이 끌거나 밀었지만 수레바퀴로 발달하면서 사람 대신 소나 말이 끄는 것으로 바뀌었다고 할 수 있다.

1. 바윗돌 쪼개기
먼저 쓸만한 돌을 찾아낸다. 바윗덩이에서 돌판을 떼어 낼 경우, 바위결을 따라서 난 틈에다 깊은 홈을 파서 나무 말뚝을 박고 홈을 물로 채운다. 나무가 물에 불어 팽창하며 쩍 하고 바위가 갈라진다. 이렇게 해서 돌을 떼어 낸 채석장 유적이 우리 땅의 여러 군데에 있다

2. 바윗돌 옮기기
떼어 낸 돌을 옮기려면 먼저 길을 따라 큰 통나무들을 마치 기찻길처럼 깐다. 그리고 그 위에 다시 빗겨서 통나무를 얹고, 이들 통나무 위로 돌을 옮겨 놓고 밀면 통나무가 바퀴처럼 굴러 돌이 앞으로 나아간다. 때로는 뗏목에 싣고 물길로 옮기기도 했다

화순 도곡 모산의 채석장 유적에는 돌을 잘라 낸 흔적이 남아 있다.

〈그림 2-1〉 고인돌 만드는 과정과 통나무 바퀴[3)]

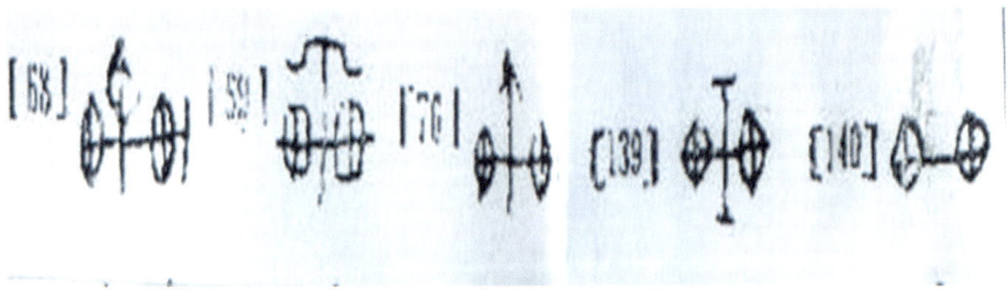

〈그림 2-2〉 수레를 표시하는 은허의 갑골문자

그런데 청동기 시대의 수레와 관련된 자료는 우리나라에 비해 중국이 상대적으로 풍부하다. 중국 청동기 시대의 수레는 은허(殷墟)에서 실물이 여럿 출토되었을 뿐만 아니라 수레를 표시하는 갑골문자도 여럿 출토되었다. 특히 수레를 표시하는 갑골문자들은 중국 은나라 때의 수레 변천을 보여 준다는 면에서 중요하다. 기왕의 연구에 의하면 수레를 표시하는 은허의 갑골문자에는 다음과 같은 것들이 있다.[4)]

〈그림 2-1〉 갑골문에 의하면 수레의 구성요소는 크게 두 바퀴와 축 그리고 끌채와 멍에의 네 부분임을 알 수 있다. 아울러 끌채가 하나이고 그 위에 멍에가 하나인 사실에서 은나라 때의 수레는 기본적으로 두 마리의 말이 끄는 수레였음을 알 수 있다.

은나라 수레의 원형 역시 통나무 바퀴였을 것이다. 그것이 발달하여 두 마리 말이 끄는 수레가 되었던 것인데, 여기에서 나아가 네 마리, 여섯 마리 말이 끄는 수레가 등장하게 되었다. 아울러 〈그림 2-2〉에서 알 수 있듯이 처음에는 두 바퀴와 축 그리고 끌채와 멍에를 모두 표시하던 은나라의 갑골문자는 점점 단순화되어 두 바퀴와 축만을 나타내게 되었다. 나아가 은나라 이후에는 아예 하나의 바퀴와 축만 남게 되었는데, 그것이

---

3) 송호정 글, 민문옥 그림, 『아! 그렇구나 우리역사-고조선, 부여, 삼한시대』 2002, 고래실, 144쪽.
4) 이규갑, 「甲骨文字上에 나타난 殷代器物淺探」, 『중국중문학』 6, 1984.

'車'라고 하는 한자로 되었다. 즉 '車'는 수레의 핵심이 바로 바퀴임을 나타내 주는 것이다.

한국의 청동기 시대에 고인돌을 만들 때 통나무 바퀴를 이용한 이유는 돌이 무거웠기 때문이었다. 즉 우리 조상들이 바퀴를 이용한 근본적인 원인은 무거운 물건을 옮기기 위해서였던 것이다. 이는 중국에서도 마찬가지인데, 『주역』은 수레가 등장하기까지의 역사를 다음과 같이 신화적으로 설명하고 있다.

> "옛날 포희씨가 천하의 왕이 되었을 때 우러러 하늘의 형상을 보고, 구부려 땅의 법도를 보며, 새와 짐승의 무늬와 땅의 마땅함을 보고, 가까이로는 자신의 몸에서 취하고 멀리로는 저 물건에서 취하여 비로소 팔괘를 지음으로써 신명을 통하였고 만물의 실정을 같이 하였다. 또한 노끈을 매어 그물을 만들어 사냥하고 물고기를 잡으니 이는 대개 이괘(離卦)에서 취한 것이었다. 포희씨가 죽고 신농씨가 일어나, 나무를 깎아 보습을 만들고 나무를 구부려 쟁기를 만들어 밭갈고 김매는 이로움으로 천하를 가르쳤다. 이는 대개 익괘(益卦)에서 취한 것이었다. 한 낮에 시장을 만들어 천하의 백성을 이르게 하며 천하의 재물을 모아서 교역하고 물러가 각각 그 얻고자 하는 바를 얻게 하였다. 이는 대개 서합괘(噬嗑卦)에서 취한 것이었다. 신농씨가 죽고 황제, 요, 순이 일어나 변통하여 백성으로 하여금 게으르지 않게 하며, 신비스럽게 화해서 백성으로 하여금 마땅하게 하였다. 역은 궁하면 변하고 변하면 통하며 통하면 오래간다. 이로써 하늘이 도와 길하며 이롭지 않음이 없으니 황제, 요, 순이 의상을 드리우고 다스렸다. 이는 대개 건곤괘(乾坤卦)에서 취한 것이었다. 나무를 쪼개 배를 만들고 나무를 깎아 노를 만들어, 배와 노의 이로움으로 통하지 못하는 데를 건너 먼 곳에 이르게 함으로써 천하를

> 이롭게 하였다. 이는 대개 환괘(渙卦)에서 취한 것이었다. 소를 길들이고 말을 타서 무거운 것을 이끌고 먼 곳을 이롭게 함으로써 천하를 이롭게 하였다. 이는 대개 수괘(隨卦)에서 취한 것이었다."[5)]

위의 내용은 다분히 신화적이지만 그럼에도 불구하고 인류의 역사 전개를 잘 설명하고 있다. 농경문화 이전 단계에서 인류는 먹을 것을 찾아 끝없이 헤매야 했다. 그 같은 상황에서 정착이나 인구밀집은 불가능하였다. 그런 단계가 바로 구석기와 중석기 시대의 수렵이나 채집과 같은 단계였다.

그러나 신석기 시대에 들어 농경문화가 발달하면서 사람들은 먹을 것을 찾아 헤매지 않고 한 곳에 정착할 수 있게 되었다. 농경을 위해서는 물과 넓은 벌판이 필요하므로 사람들은 물가의 넓은 벌판에 정착, 밀집하게 되었다. 여기에 청동기, 철기 등의 도구가 출현하면서 농경문화는 더욱 발전하고 사람들의 정착과 밀집도 더욱 확대되었다. 취락(聚落), 촌락(村落), 부락(部落), 읍락(邑落) 등이 바로 농경문화의 발전에 따라 사람들이 정착, 밀집한 곳이었다. 이런 취락, 촌락, 부락, 읍락 등을 중심으로 교역이 출현하고 아울러 배, 수레 등이 출현한 것이었다. 『주역』에서 "배와 노의 이로움으로 통하지 못하는 데를 건너 먼 곳에 이르게 함으로써 천하를 이롭게 하였다."고 한 내용이나 "소를 길들이고 말을 타서 무거운 것을 이끌고 먼 곳을 이롭게 함으로써 천하를 이롭게 하였다."는 내용이 바로 그것이었다.

---

5) 『周易』繫辭 下.

2. 삼국시대와 고려시대의 수레

한국의 역사에서 청동기 시대 이후로 수레는 계속해서 발전하였다. 3국 시대에 들어 한국의 수레문화는 다양한 형태로 발달하였다. 그것을 보여주는 증거는 고구려의 고분벽화에 등장하는 수많은 수레 그리고 신라와 가야의 토기에서 발견되는 수레바퀴 관련 유물들이다.

현재 고구려의 고분벽화는 95기가 알려져 있는데, 그 중에서 수레 그림은 18개의 고분에서 40대의 수레와 4개의 수레바퀴를 찾아 볼 수 있다.[6] 고구려의 고분벽화에 등장하는 수레는 주로 소가 끌었으며 외출용, 운반용 및 전투용 등으로 이용되었다.[7] 이를 통해 고구려에서는 수레가 매우 활발하게 사용되었음을 알 수 있다. 게다가 고구려 고분벽화에는 수레를 만드는 신 즉 제륜신(製輪神)도 그려져 있는데, 이런 사실에서 고구려의 수레제작 기술자의 사회적 지위가 매우 높았음을 알 수 있다.

삼국시대에 소가 끄는 수레가 활발하게 사용되었음은 법 규정을 통해서도 확인할 수 있다. 예컨대 『삼국사기』에는 진골, 육두품, 오두품이 사용하던 수레와 안장에 대한 규정이 자세하게 실려 있는데, 다음과 같은 내용이다.

---

6) 김용만, 『고구려의 그 많던 수레는 다 어디로 갔을까』, 바다출판사. 1999, 61-76쪽.
7) 정동찬 윤용현 이강열, 「벽화를 통해서 본 고구려의 탈 것 문화」, 『고구려연구』 17, 2003.

〈그림 2-3〉 고구려 고분벽화의 제륜신(製輪神)

"진골은, 수레의 재목으로 자단(紫檀), 침향(沈香)을 쓰지 못하고, 수레에 대모(玳瑁)를 붙일 수 없으며, 또한 감히 수레를 금과 은 및 옥으로 장식하지 못한다. 수레의 바닥 깔개는 비단 중에서 능(綾)과 견(絹) 이하를 쓰되 두 겹을 넘지 못하고, 자리 깔개는 나전, 비단, 두 가지 색의 비단 이하를 쓰되 가장 자리테 비단 이하를 쓴다. 앞뒤의 휘장은 소문릉(小文綾), 사(紗), 시(絁) 이하를 쓰되 색깔은 청색과 자주색으로 한다. 수레에 드리우는 끈은 명주실과 삼실을 쓰되 색깔은 붉은 색과 푸른색으로 한다. 겉 단장은 다만 견(絹)과 포(布)를 쓰되 색깔은 붉은 색과 푸른색으로 한다. 소의 굴레 및 가슴걸이는 시(絁), 견(絹), 포(布)를 쓰고, 고리는 금, 은, 유석을 금지하며, 떠는 쇠[步搖]도 역시 금, 은, 유석을 금지한다.

> 6두품은, 바닥 깔개는 시(絁), 견(絹) 이하를 쓰고, 자리 깔개는 시(絁), 견(絹), 포(布)를 쓰되 가장 자리 테가 없다. 앞뒤 휘장은 만약 진골 이상의 귀인을 따라갈 때에는 치지 않고, 혼자서 갈 때에만 대발이나 왕골자리를 치되 가장 자리 테는 시와 견 이하로 둘린다. 두레에 드리우는 끈은 포를 쓰되 색깔은 적색과 청색으로 한다. 소의 굴레 및 가슴걸이는 포를 쓰고, 고리는 놋쇠, 구리쇠, 무쇠를 쓴다.
>
> 5두품은, 바닥깔개는 모전[氈]이나 포만 쓰고, 앞뒤 휘장은 대발과 왕골자리만 쓰되 가장 자리 테는 가죽과 포로 둘린다. 굴레는 없고, 가슴걸이는 삼을 쓰며, 고리는 나무와 무쇠를 쓴다."[8)]

고려 시대 역시 수레 이용이 활발하였다. 다만 고려시대 왕은 말이 끄는 수레와 사람이 메는 가마를 두루 이용하였다. 예컨대『고려사』에는 왕의 수레인 상로(象輅), 왕세자의 수레인 여로(輿輅) 그리고 양반관료의 부인인 명부(命婦)의 수레에 관련된 규정들이 있었다. 고려시대 왕의 수레인 여로에는 상로(象輅), 초요련, 평련(平輦) 등이 있었는데 상로는 수레였고 초요련과 평련은 가마였다. 『고려사』에 의하면 상로, 초요련, 평련의 형태는 각각 다음과 같았다고 한다.

> "고려 의종 때에 왕의 여로에 관련된 규정을 제정하였다. 상로(象輅)는 붉은 칠을 하였고, 금으로 도금하고 은으로 치장하였으며 수레의 끝부분을 상아로써 마무리하였다. 상로는 자백마(赭白馬)가 끌었는데 육사(六祀)와 교묘(郊廟)에 이용하였다. 초요련은 종려로 옥(屋)을 하였고 붉은 칠을 하였는데 금으로 도금하고 청동으로 만든 용과 봉으로 장식하였다. 금실과 은실로 짠 바닥깔개가 하나였다. 책상이 하나였으며 긴 장대가 하나였

---

8) 『삼국사기』 雜志, 車騎.

> 는데 모두 붉은 색으로 칠하였다. 책상 밑에 놓는 깔개는 붉은 비단으로 만들었고 긴 장대의 끝은 은으로 꾸몄다. 초요련은 상원(上元), 연등, 팔관회 등에 왕이 참여할 때 사용하였다. 궁궐로 돌아올 때에는 평련(平輦)을 탔는데 평련의 제도는 초요련과 같으나 옥(屋)이 없었다."[9]

위와 같은 규정들을 통해 통일신라시대 그리고 고려시대에는 왕실을 위시하여 고위관료들 사이에도 수레 이용이 활발했음을 추정할 수 있다. 또한 수레를 만드는 기술자들의 사회적 지위 역시 높았음을 알 수 있다.

그런데 고려 인종 때인 1123년에 송나라에서 고려에 사신으로 온 서긍이 그의 견문록인『고려도경(高麗圖經)』에 묘사한 바에 의하면 고려시대에는 여전히 소가 끄는 수레가 많았다. 이런 고려시대의 수레를 서긍은 우거(牛車)라고 부르며 다음과 같이 묘사하였다.

> "소가 끄는 수레의 제작 방식이 대체로 소략해서 정해진 법식이 특별하게 있지는 않다. 아래쪽에는 두 개의 끌채와 바퀴가 있는데 앞 끌채에 소를 맨다. 수레 위에 물건을 실을 때마다 새끼줄로 묶어야 물건이 나뒹구는 것을 겨우 피할 수 있다. 더욱이 고려는 대개가 산길이어서 움직일 때마다 물건이 가파르게 출렁거리니 우거는 형식적인 도구일 뿐이다."[10]

왕실을 위시하여 상류층에서 활발하게 사용되던 수레는 조선시대에 접어들면서 그 이용이 급격히 위축되었다. 아울러 수레를 만드는 기술자들의 사회적 지위 역시 급속히 하락하였다. 이 결과 조선시대에는 수레 이용이 크게 줄어들고 대신 가마 이용이 증가하게 되었다.

9) 『고려사』志, 輿服, 輿輅, 王輿輅.
10) 조동원 등 역주, 서긍 지음, 『고려도경』, 황소자리, 2005, 199쪽.

3. 조선시대 국왕의 수레와 가마

조선후기 북학파 실학자들의 특징 중 하나는 조선의 수레 이용이 몹시 낙후된 현실에 대하여 강렬한 비판의식을 갖고 있었으며 그 같은 현실을 타개하기 위해 다양한 개선방안을 제시했다는 사실이다. 예컨대 연암 박지원은 "우리나라에 수레가 없는 것은 아니지만 수레바퀴가 완전하게 둥글지 않고, 수레바퀴의 폭도 규격에 맞지 않으니 이는 수레가 없는 것이나 마찬가지다."[11]라는 극단적인 언급을 하였다.

또한 초정 박제가 역시 "수레는 천체를 본떠서 생긴 것으로 땅을 통행하면서 만물을 실으니 이익 됨이 한정이 없는데 우리나라에서는 홀로 수레를 운행하지 않으니 무슨 이유 때문인가?"[12]라는 언급을 하였다. 조선시대에 수레 이용이 이처럼 낙후된 이유를 당시 대부분의 사람들은 산악이 많은 자연조건에서 찾았다. 즉 그들은 "우리나라의 바위투성이 고을에서는 수레를 쓸 수 없다."[13]고 하거나 "산과 물에 막혀서"[14] 수레 이용이 낙후되었다고 생각했던 것이다.

하지만 연암 박지원이나 초정 박제가는 달리 생각하였다. 산악이 많다는 자연조건만 가지고는 왜 수레이용이 활성화 되지 않았는지 설명이 되지 않는다는 것이었다. 예컨대 연암 박지원은 중국에서는 험한 지역에서

11) 박지원, 『熱河日記』 馹汎隨筆, 車制.
12) 박제가, 『北學議』, 外篇, 車.
13) 박지원, 『熱河日記』 馹汎隨筆, 車制.
14) 박제가, 『北學議』, 外篇, 車.

도 수레가 활발하게 사용되고 있다는 반증을 들었다.[15] 따라서 연암 박지원이나 초정 박제가 같은 북학파 실학자들은 조선에서 수레 이용이 활성화 되지 않은 이유를 자연조건이 아닌 다른 곳에서 찾았다.

예컨대 연암 박지원은 "나라에서 수레를 쓰지 않기 때문에 길이 닦이지 않는다. 수레가 다니면 길은 저절로 닦일 것이니 어찌 길이 좁은 것을 근심하는가?"[16]고 하여 수레 이용이 활성화 되지 못한 이유는 자연조건이 아니라 국가정책에 있는 것으로 생각하였다. 초정 박제가 역시 "대개 신라, 고려 이전에는 수레를 이용하지 않았을 리가 없다. 유거달(柳車達)이 고려 태조에게 전차(戰車)를 보내 도왔다는 것이 그 증거이다."[17]고 하여 조선시대 들어서면서 수레 이용이 크게 위축되었다고 생각하였다.

앞에서 살펴본 대로 삼국시대와 통일신라시대 그리고 고려시대에는 왕실을 위시하여 고위관료들 사이에도 수레 이용이 활발했다. 하지만 조선시대 국왕은 공식행사에서 수레를 사용하지 않았고 오직 연(輦)과 여(輿)만을 이용하였다. 그것은 『경국대전』의 내사복(內司僕) 업무가 연과 여로만 한정된 것에서 명확하게 나타난다.[18]

그런데 조선시대에 수레이용이 낙후된 원인 중 하나는 중국에 말과 소를 공물로 대량 보낸 결과 수레를 끌 말과 소가 부족해졌다는 사실이었다.[19]. 그러나 이것만이 모든 이유는 아니었다. 유교에 입각해 건국된 조선의 국가성격이 그 못지않게 중요한 원인이 되었기 때문이었다.

조선시대 왕은 유교국가의 대표자로서 길례(吉禮)를 솔선수범하였고 이때 이용되는 거가(車駕)는 왕의 탈 것 문화를 대표하였다.

---

15) 박지원, 『熱河日記』馹汛隨筆, 車制
16) 박지원, 『熱河日記』馹汛隨筆, 車制.
17) 박제가, 『北學議』, 外篇, 車.
18) 『六典條例』兵典, 司僕司.
19) 김용만(1999), 『고구려의 그 많던 수레는 다 어디로 갔을까』, 바다출판사, PP.62-64.

<그림 2-4> 조선시대 국왕의 홍연(紅輦)

뿐만 아니라 왕의 거가는 양반을 비롯한 조선사회 전반의 탈 것 문화에 큰 영향을 끼쳤다.[20] 따라서 조선건국 후 길례행차(吉禮行次)에서 이용된 거가의 구성과 변화는 곧 조선시대 탈 것 문화의 구성과 변화를 상징적으로 보여준다고 할 수 있다.

1). 조선건국 후 길례정비(吉禮整備)와 국왕거가(國王車駕)

14세기에 접어들면서 고려, 원, 가마쿠라막부(鎌倉幕府) 등 동아시아 3국은 격심한 혼란에 빠져들었다. 이런 상황에서 고려후기에 주자

20) 조선시대의 탈것에 관한 연구는 매우 부족하다. 그나마 왕실의 탈것에 관한 연구는 거의 없는 상황이다. 현재는 양반사회의 탈것에 관한 연구논문이 한 편 확인된다. 정연식(1998), 「조선조의 탈것에 관한 연구」 『역사와 현실』 27, 한국사연구회, PP.177-208.

학을 습득한 신진사대부들은 공민왕 대부터 주자학에 입각한 국가, 사회 개혁을 추진하기 시작했다. 이들 신진사대부들이 중심이 되어 조선왕조가 건국된 후 주자학에 입각한 국가, 사회 개혁은 더욱 적극적으로 추진되었다. 이에 따라 조선왕조의 사회 전반이 유교화 되기 시작했다.

조선왕조의 유교화는 문화적인 측면에서 두드러졌다. 그것은 지난 1천 년간의 주류 문화가 불교에 기초해 있었기에 주자학에 입각한 국가, 사회 개혁이 그만큼 커다란 변동을 초래했기 때문이다. 문화면에서 드러나는 조선왕조의 유교화는 국가의례와 가정의례 양쪽에서 나타났다. 국가의례와 가정의례는 조선왕조의 주도세력인 왕실과 양반의 의례였다. 당연히 조선 사회의 유교화는 왕실과 양반에 의해 주도되었다. 조선왕조의 국가의례는『국조오례의(國朝五禮儀)』[21]를 기준으로 하였고 가정의례는『주자가례(朱子家禮)』[22]를 기준으로 하였다.『국조오례의』와『주자가례』에 규정된 의례는 근본적으로 유교이념에 기반 했다는 점에서 서로 유사하였다.

그런데 조선건국 이후 국가와 사회가 유교화 되면서 가장 극적으로 바뀐 부분이 길례(吉禮)였다. 그것은 무엇보다도 조선건국 직후 반포된 태조 이성계의 즉위교서를 통해 명백하게 드러났다. 1392년 7월 17일, 개경의 수창궁(壽昌宮)에서 백관의 추대를 받아 왕위에 오른 태조 이성계는 즉위한 지 11일 후인 7월 28일에 즉위교서를 선포했다. 이 즉위교서에서 태조 이성계는 신왕조의 국가의례와 관련한 대원칙으로서 '의장법제(儀章法制)는 모두 고려의 고사(古事)에 의거

21) 조선시대 『국조오례의』에 대하여는 이범직,『韓國中世禮思想研究-五禮를 중심으로』, 일조각, 1991 참조.

22) 조선시대 『주자가례』의 수용에 대하여는 지두환(1982), 〈조선초기 朱子家禮의 이해과정-國喪儀禮를 중심으로-〉, 『한국사론』8 고영진(1989), 〈15-16세기 朱子家禮의 시행과 그 의의〉,『한국사론』21, 1989.

한다.'[23] 고 하여 개국에 따른 큰 변화는 없을 것으로 공언하였다. 하지만 길례(吉禮)와 관련해서는 '천자는 7묘(七廟)를 세우고 제후는 5묘를 세우며, 궁궐의 왼쪽에는 종묘를 세우고 오른쪽에는 사직을 세우는 것이 옛날의 예제이다. 그런데 고려의 종묘제도는 예경(禮經)에 맞지 않을 뿐만 아니라 성 밖에 있다. 사직은 비록 궁궐의 오른쪽에 있으나 그 제도에는 고제(古制)와 어긋나는 것이 있다. 예조에 의뢰하여 상세히 규명하고 의논하게 하여 일정한 제도로 하겠다.'[24]고 함으로써 길례는 유교의례에 입각해 대거 개정할 것임을 분명히 하였다.

이에 따라 태조 이성계가 즉위한 직후부터 예조에서는 길례와 관련된 국가의례를 대폭 개정하였다. 이렇게 태조 이성계의 즉위 직후부터 정비되기 시작한 길례는 세종 대에 거의 완비되어『세종실록』오례(五禮)의 길례 항목에 정리되었다. 이에 의하면 길례는 중요도에 따라 대사(大祀), 중사(中祀), 소사(小祀)의 세 가지로 구분되었다. 대사에는 사직제와 종묘제의 두 가지가 포함되었고, 중사에는 풍운뇌우(風雲雷雨), 악해독(嶽海瀆), 선농(先農), 선잠(先蠶), 우사(雩祀), 문선왕(文宣王), 조선단군(朝鮮檀君), 후조선시조 기자(後朝鮮始祖 箕子), 고려시조(高麗始祖) 등이 포함되었다. 마지막으로 소사에는 영성(靈星), 명산대천(名山大川), 사한(司寒), 마조(馬祖), 선목(先牧), 마사(馬社), 마보(馬步), 칠사(七祀), 영제(禜祭) 등이 포함되었다.[25] 이 내용을 정리하면 〈표 2-1〉과 같다.

---

23)『태조실록』권1, 1년(1392) 7. 28(정미).
24)『태조실록』권1, 1년(1392) 7. 28(정미)).
25)『세종실록』五禮, 吉禮 序例, 辨祀.

〈표 2-1〉 세종대에 정비된 길례

구분 \ 길례	길례 구분에 따른 종류
대사	사직제, 종묘제
중사	풍운뢰우, 악, 해, 독, 선농, 선잠, 우사, 문선왕, 조선단군, 후조선시조기자, 고려시조
소사	영성, 명산대천, 사한, 마조, 선목, 마사, 마보, 칠사, 영제

세종 대에 정비된 길례 중에서 국왕의 궁궐 밖 행차와 관련되는 길례에는 사직제, 종묘제, 선농제, 문선왕제 등이 있었다. 사직, 종묘, 선농단, 문선왕묘는 모두 궁궐 밖에 있었기 때문이었다. 따라서 국왕이 사직제, 종묘제, 선농제, 문선왕제 등을 거행하려면 궁궐 밖으로 행차해야 했다. 이 때문에 『세종실록』 오례의 길례에는 이와 관련하여 각각 거가출궁(車駕出宮)과 거가환궁(車駕還宮) 조항이 별도로 규정되었다. 구체적으로 친제사직의(親祭社稷儀)의 '거가출궁'과 '거가환궁', 친협종묘의(親祫宗廟儀)의 '거가출궁'과 '거가환궁', 사시급납친향종묘의(四時及臘親享宗廟儀)의 '거가출궁'과 '거가환궁', 친향선농의(親享先農儀)의 '거가출궁'과 '거가환궁', 시학작헌문선왕의(視學酌獻文宣王儀)의 '거가출궁'과 '거가환궁'이 그것이었다.[26]

그런데 『세종실록』 오례의 길례 중 국왕의 친제(親祭)와 관련된 거가출궁과 거가환궁은 제사의 종류에 관계없이 전체적인 절차는 서로 유사했다. 이에 따라 성종 대에 편찬된 『국조오례의』 길례에서는 거가출궁과 거가환궁을 통합하여 길례(吉禮) 서례(序例)에 하나의 항

26) 『세종실록』 五禮, 吉禮 儀式.

목으로 배치하게 되었다. 다만 『세종실록』 오례에서는 국왕의 친제별로 거가출궁과 거가환궁이 들어간 관계로 길례 의식 부분에 수록되었지만 『국조오례의』에서는 거가출궁과 거가환궁을 통합하였기 때문에 길례 서례 부분에 수록되는 차이가 있었다. 또한 국왕의 친제에 해당되는 길례인 사직제, 종묘제, 선농제, 문선왕제는 대사와 중사에 해당되었기에 『국조오례의』에서는 거가출궁과 거가환궁을 대사와 중사의 두 가지로 나누어 규정한 차이도 있었다.[27] 이상의 논의를 정리하면 다음의 〈표 2-2〉와 같았다.

〈표 2-2〉 『세종실록』과 『국조오례의』에 수록된 거가출궁과 거가환궁

	『세종실록』 오례, 길례의식	『국조오례의』 서례, 길례
거가출궁	친제사직의(親祭社稷儀) 거가출궁 친협종묘의(親祫宗廟儀) 거가출궁 사시급납친향종묘의(四時及臘親享宗廟儀)거가출궁 친향선농의(親享先農儀) 거가출궁 시학작헌문선왕의(視學酌獻文宣王儀)거가출궁	거가출궁(대사,중사)
거가환궁	친제사직의(親祭社稷儀) 거가환궁 친협종묘의(親祫宗廟儀) 거가환궁 사시급잡친향종묘의(四時及臘親享宗廟儀) 거가환궁 친향선농의(親享先農儀) 거가환궁 시학작헌문선왕의(視學酌獻文宣王儀) 거가환궁	거가환궁(대사,중사)

27) 『國朝五禮儀序例』 吉禮, 車駕出宮:車駕還宮.

2) 『세종실록』 오례의 길례행차와 상로(象輅)

위에서 언급한 것처럼 『세종실록』 오례의 길례 중 국왕의 친제와 관련된 거가출궁과 거가환궁은 제사의 종류에 관계없이 전체적인 절차가 서로 유사했다. 다만 대사와 중사 사이에 나타나는 의장물 또는 제사의 종류에 따른 준비물 등에서만 차이가 나타났다. 이를 대사인 '친제사직의'의 거가출궁과 중사인 '친향선농의'의 거가출궁을 대상으로 비교해 보면 다음과 같았다.

'친제사직의'의 거가출궁

(전략) 3각에 북을 쳐서 2엄(二嚴)을 알리면 판통례(判通禮)는 꿇어앉아 중엄(中嚴)을 아뢴다. 전하를 수행할 여러 관료들은 모두 궐문외(闕門外)에 모인다.<여러 제관은 먼저 제소(祭所)로 간다.> 병조에서는 대가노부(大駕鹵簿)를 궐문 외에 진열한다. 5각에 북을 쳐서 3엄(三嚴)을 알리면 제위(諸衛) 소속은 각각 그 부대를 감독하여 전정(殿庭)에 들어가 선다. 봉예랑(奉禮郎)은 수행할 여러 관료들을 인도하여 문외위(門外位)로 간다. 시위하는 관원은 각각 그 기구와 복장을 갖춘다. 총제(摠制) 이하의 좌우 시신은 모두 경복궁 근정전의 서쪽 계단으로 가서 전하를 맞이할 준비를 한다. 판사복(判司僕)은 상로(象輅)를 경복궁 근정문 앞에 남향으로 내어 놓는다. 천우장군(千牛將軍) 한 사람은 장도를 잡고 상로 앞에 북향으로 선다. 지통례(知通禮)는 판통례 앞에 있고, 통찬사인(通贊舍人) 2명은 지통례의 앞에 있다. 판통례가 꿇어 앉아 외판(外辦)을 아뢰면, 판사복은 옷을 걷고 상로에 올라 정립하고 고삐를 잡는다. 전하는 관포(冠袍)를 갖추고 여(輿)를 타고 나와 서쪽 계단을 통해 내려온다. 악부(樂部)

는 달아만 놓고 연주하지 않는다. 천우장군이 앞으로 나가 고삐를 잡으면 전하는 여에서 내려 상로에 탄다. 판사복은 서서 고삐를 전하에게 준다. 총제 이하의 시신이 양쪽에서 모시기를 보통 때와 같이 한다. 지통례가 앞으로 나가 상로 앞에 꿇어앉아 거가(車駕)의 출발을 계청(啓請)하고 만복(俛伏)하였다가 일어나 제자리로 돌아간다. 거가가 움직이면 지통례와 통찬(通贊)이 양쪽에서 인도하여 나온다. 천우장군은 상로를 옆에서 모시고 빠른 걸음으로 걷는다. 거가가 궐문 외를 나와 시신의 상마소(上馬所)에 이르면 지통례가 꿇어 앉아, '거가를 잠시 멈추시고 문무 시신의 상사(上馬)를 명하소서.'라고 계청한다. 판통례가 앞으로 나가 명령을 받고 물러나 '가(可)하다고 명령하셨다.'고 칭(稱)한다. 통찬사인(通贊舍人)이 전갈(傳喝)하면 문무 시신은 상마한다. 여러 시위관은 각각 그 소속 인원을 감독하여 좌우에서 거가를 호위하게 한다. 상서관(尙瑞官)은 대보(大寶=옥새)를 받들고 전도(前導)한다. 총제 이하의 좌우 시신은 상로의 앞에서 협시한다. 문무 시신의 상마가 끝나면 지통례는 '거우(車右)의 승(升)을 명령하소서.'라고 계청한다. 판통례가 앞으로 가서 명령을 받들고 물러나 '가하다고 명령하셨다.'고 칭한다. 지통례는 물러나 제자리로 간다. 천우장군이 승(升)하면 지통례가 거가의 출발을 계청하고 물러나 제자리로 간다. 거가가 출발한다. 고취(鼓吹)는 연주하지 않으며 훤화(喧嘩)하지 못한다. 수행하는 관료들은 현무대(玄武隊)의 뒤에 평상시와 같이 자리한다. 거가가 재궁(齋宮)에 도착하려 하면 문무 시신은 말에서 내려 좌우로 나누어 서서 국궁한다. 재궁 안에 있던 여러 제관이 각각 조복(朝服)을 갖추면 알자(謁者)가 인도하여 재궁(齋宮) 문 밖에 서게 하는데 동향으로 남쪽을 상위로 하고 거가를 바라보며 모두 국궁하여 맞이한다. 거가가 재궁의 남문 외(南門外)에 도착하면 거가를 돌려 남향하게 하고, 천우장군은 내려서 상로의 오른쪽에 선다. 지통례가 상로의 앞으로 가서, 전하에게 상로에서 내릴 것을 계청하고 면복(俛伏)하였다가 일어나 시립한다. 전하는 상로에서 내려 여(輿)를 타고 재궁으로 들어간다.(하략)”[28]

'친향선농의'의 거가출궁

(전략) 3각에 북을 쳐서 2엄을 알리면 판통례는 꿇어앉아 중엄을 아뢴다. 전하를 수행할 여러 관료들은 모두 궐문 외에 모인다.<여러 향관(享官)은 먼저 향소(享所)로 간다.> 전농시(典農寺)는 친경(親耕)에 쓸 쟁기를 궐문 외의 막옥(幕屋) 안에 진설한다. 병조에서는 대가노부(大駕鹵簿)와 경근거(耕根車)를 궐문 외에 진열한다. 5각에 북을 쳐서 3엄을 알리면 제위 소속은 각각 그 부대를 감독하여 전정에 들어가 선다. 봉례랑은 수행할 여러 관료들을 인도하여 문외위(門外位)로 간다. 시위하는 관원은 각각 그 기구와 복장을 갖춘다. 총제 이하의 좌우 시신은 모두 경복궁 근정전의 서쪽 계단으로 가서 전하를 맞이할 준비를 한다. 판사복은 상로를 경복궁 근정문 앞에 남향으로 내어 놓는다. 천우장군 한 사람은 장도를 잡고 상로 앞에 북향으로 선다. 지통례는 판통례 앞에 있고, 통찬 사인 2명은 지통례의 앞에 있다. 판통례가 꿇어 앉아 외판(外辦)을 아뢰면, 판사복은 옷을 걷고 상로에 올라 정립하고 고삐를 잡는다. 전하는 관포를 갖추고 여를 타고 나와 서쪽 계단을 통해 내려온다. 악부(樂部)는 달아만 놓고 연주하지 않는다. 천우장군이 앞으로 나가 고삐를 잡으면 전하는 여에서 내려 상로에 탄다. 판사복은 서서 고삐를 전

28) 『세종실록』 五禮, 吉禮儀式, 親祭社稷儀, 車駕出宮.

하에게 준다. 총제 이하의 시신이 양쪽에서 모시기를 보통 때와 같이 한다. 지통례가 앞으로 나가 상로 앞에 꿇어앉아 거가의 출발을 계청하고 면복(俛伏)하였다가 일어나 제자리로 돌아간다. 거가가 움직이면 지통례와 통찬이 양쪽에서 인도하여 나온다. 천우장군은 상로를 옆에서 모시고 빠른 걸음으로 걷는다. 거가가 궐문 외를 나와 시신의 상마소에 이르면 지통례가 꿇어 앉아, '거가를 잠시 멈추시고 문무 시신의 상마를 명하소서.'라고 계청한다. 판통례가 앞으로 나가 명령을 받고 물러나 '가하다고 명령하셨다.'고 칭한다. 통찬 사인이 전갈하면 문무 시신은 상마한다. 여러 시위관은 각각 그 소속 인원을 감독하여 좌우에서 거가를 호위하게 한다. 상서관(尙瑞官)은 대보(大寶)를 받들고 전도한다. 총제 이하의 좌우 시신은 상로의 앞에서 협시한다. 문무 시신의 상마가 끝나면 지통례는 "거우(車右)의 승(升)을 명령하소서."라고 계청한다. 판통례가 앞으로 가서 명령을 받들고 물러나 '가하다고 명령하셨다.'고 칭한다. 지통례는 물러나 제자리로 간다. 천우장군이 승(升)하면 지통례가 거가의 출발을 계청하고 물러나 제자리로 간다. 거가가 출발한다. 고취는 연주하지 않으며 훤화(喧嘩)하지 못한다. 경적사(耕籍使)는 경근거에 쟁기를 싣고 말을 탄 채 의장 안에서 호위한다. 수행하는 관료들은 현무대의 뒤에 평상시와 같이 자리한다. 거가가 재궁에 도착하려 하면 문무 시신은 말에서 내려 좌우로 나누어 서서 국궁한다. 향소(享所) 안에 있던 여러 향관(享官)이 각각 조복(朝服)을 갖추면 알지가 인도하여 재궁 문 밖에 서게 하는데 서향으로 남쪽을 상위로 하고 거가를 바라보며 모두 국궁하여 맞이한다. 거가가 재궁의 남문 외에 도착하면 거가를 돌려 남향하게 하고, 천우장군은 내려서 상로의 오른쪽에 선다. 지통례가 상로의 앞으로 가서, 전하에게 상로에서 내릴 것을 계청하고 면복(俛伏)하

> 였다가 일어나 시립한다. 전하는 상로에서 내려 여를 타고 재궁으로 들어간다.(하략)"[29]

위의 내용을 보면 거가출궁 때 왕이 타는 거가는 궁궐과 제소에서 특정한 지점을 경계로 하여 거가의 내용이 달라짐을 알 수 있다. 즉 궁궐의 경우에는 근정문과 궐문을 경계 지점으로 하여 시어소(時御所)에서부터 근정문까지는 여(輿)를 타지만, 근정문에서 상로로 갈아타고, 궐문 외에서부터 의장이 합류하였다. 제소의 경우에는 남문 외까지만 상로를 타고 오고 남문 안에서부터는 다시 여로 바꾸어 탔다. 이를 종합하면 『세종실록』 오례에 규정된 국왕의 길례 행차 거가는 여와 상로의 두 가지로 구성되었으며, 여는 궁궐에서는 시어소에서 근정문까지 이용되었고 제소에서는 남문 안에서 재궁까지 이용되었다. 반면 상로는 궁궐의 근정문 밖에서부터 제소의 남문 외까지 이용되었다. 거가환궁은 거가출궁의 역순이므로 여와 상로가 이용되는 공간은 같았다.

그런데 『세종실록』 오례의 근정문은 경복궁의 정전인 근정전의 정

---

29) "(전략) 三刻槌鼓 爲二嚴 判通禮跪啓中嚴 陪祭群官俱集闕門外〈諸享官先詣享所〉 典農寺設耕根牢耟 於闕門外幕屋之內 兵曹陳大駕鹵簿於闕門外 五刻槌鼓 爲三嚴 諸衛之屬 各督其隊入 陳於殿庭 奉禮郎引陪祭群官 就門外位 侍衛之官 各服其器服 摠制以下左右侍臣 俱詣勤政殿西階奉迎 判司僕進象輅於勤政門前南向 千牛將軍一人執長刀立於輅前北向 知通禮在判通禮之前 通贊舍人二人在知通禮之前 判通禮跪啓外辦 判司僕攝衣而升 正立執轡 殿下服冠袍 乘輿以出 降自西階 樂部懸而不作 千牛將軍前執轡 殿下降輿乘輅 判司僕立授綏 摠制以下侍臣夾侍如常 知通禮進當輅前跪 啓請車駕進發 俛伏興退復位 車駕動 知通禮與通贊夾引以出 千牛將軍夾輅而趨 駕出闕門外 至侍臣上馬所 知通禮跪 啓請車駕小駐 敎文武侍臣上馬 判通禮前承旨 退稱日 敎可 通贊舍人傳喝 文武侍臣上馬 諸侍衛之官 各督其屬 左右翊駕 尙瑞官捧寶前導 摠制以下左右侍臣夾侍於輅前 文武侍臣上馬畢 知通禮啓請敎車右升 判通禮前承旨 退稱日 敎可 知通禮退復位 千牛將軍升訖 知通禮啓請車駕進發 退復位 車駕動 不鳴鼓吹 不得喧嘩 耕籍使以耕根車 載耒耟 騎護在仗內 其陪祭之官 在玄武隊後如常儀 車駕將至齋宮 文武侍臣下馬 分立鞠躬 諸祭官各具朝服 謁者引立於齋宮門外 東向南上 望駕皆鞠躬奉迎 駕至齋宮南門外 回輅南向 千牛將軍降立於輅右 知通禮進當輅前 啓請降輅 俛伏興還侍立 殿下降輅 乘輿入齋宮 (하략)"(『세종실록』 五禮, 吉禮儀式, 親享先農儀, 車駕出宮).

문이었다. 반면 제소의 남문은 바로 제사가 거행되는 장소의 정문이었다. 즉 『세종실록』 오례의 길례에 규정된 국왕의 거가는 궁궐의 정전 정문에서부터 제소의 정문까지는 상로를 타고 궁궐의 정전 정문과 제소의 정문 안에서는 여를 타도록 규정되었던 것이다.

이로 보면 여는 궁궐과 제소의 안쪽 공간에서 사용되었고, 상로는 궁궐과 제소의 바깥 공간에서 사용되었음을 알 수 있다. 대외적으로 국왕의 거가가 과시되는 공간은 물론 궁궐과 재궁의 바깥 공간이었다.

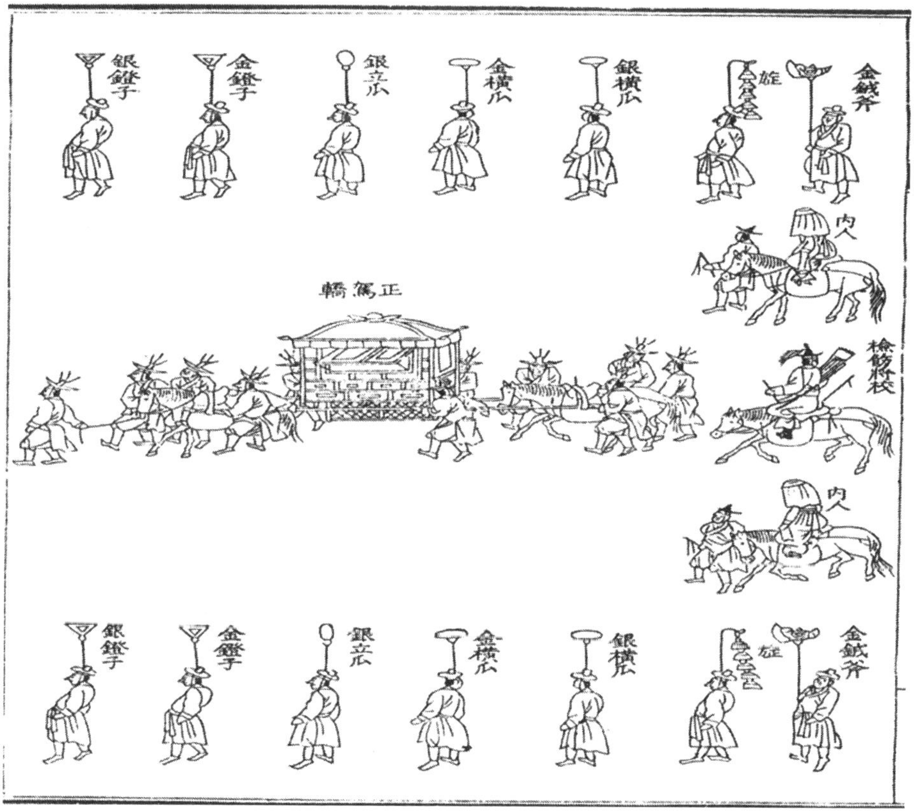

<그림 2-5> 정조의 현륭원 행차에 사용된 정가교(正駕轎)

따라서 국왕 거가의 핵심은 여가 아니라 바로 상로였다. 궐문 외에 의장을 배치하였다가 상로를 수행하게 한 이유도 국왕 거가의 핵심이 상로였기 때문이었다. 요컨대 『세종실록』 오례 길례행차에서 국왕 거가의 핵심은 상로였다.

3) 『국조오례의의 길례행차와 연(輦)

『세종실록』 오례는 세조대부터 수정과 보완을 통해 성종 대에 『국조오례의』로 편찬되었다. 이후 『국조오례의』는 조선시대 내내 국가의례의 전범으로 이용되었다. 그런데 『세종실록』 오례의 길례에 각각 규정되었던 거가출궁과 거가환궁은 『국조오례의』에서는 하나의 거가출궁과 하나의 거가환궁으로 통합되어 규정되었다. 다만 『국조오례의』의 거가출궁과 거가환궁은 대사와 중사의 두 가지만 규정되고 소사는 제외되었는데, 이는 국왕이 참여하는 길례가 대사와 중사 두 가지 뿐이었기 때문이었다.

『국조오례의』 길례의 거가출궁은 『세종실록』 오례 길례의 거가출궁과 큰 틀에서는 동일하였다. 하지만 세부적인 면에서는 차이점이 많았다. 국왕의 거가와 관련하여 나타나는 가장 큰 차이점은 기왕의 상로가 사라지고 그 대신 연이 등장했다는 사실이다.

즉 『세종실록』 오례 길례의 거가출궁에서는 근정문 외에 상로를 준비했는데 비해 『국조오례의』 길례의 거가출궁에서는 근정문 외에 연을 준비하였던 것이다. 이에 따라 『세종실록』 오례 길례의 거가출궁에서는 근정문 외에서 왕이 여에서 상로로 갈아탔지만, 『국조오례의』 길례의 거가출궁에서는 근정문 외에서 왕이 상로 대신 연으로 갈아탔던 것이다.

이외에 『국조오례의』 길례의 거가출궁 조항에서는 『세종실록』 오례 길례의 거가출궁 조항에서 포괄적으로 언급되었던 내용들이 아주 세부적으로 명시되었다. 예컨대 『세종실록』 오례 길례의 거가출궁에서는 궐문 외로만 표시되었던 것이 『국조오례의』 에서는 홍례문(弘禮門) 외라고 구체화 되었다. 또한 『세종실록』 오례 길례의 거가출궁에서는 근정문 외에 준비된 상로를 타러 나오는 왕이 시어소의 어느 공간에 머물러 있다가 나오는지 언급이 없었지만, 『국조오례의』 길례의 거가출궁에서는 근정문 외의 안쪽인 '사정전 합외'와 '합외'라고 구체적으로 명시되었다.

경복궁에서 사정전은 근정전 안쪽에 있던 편전이었다. 또한 합외란 합의 바깥이란 의미인데, 합은 왕이 공식적인 행사를 준비하기 위해 머무는 사적 공간 또는 안쪽 공간을 의미하였다. 경복궁의 경우 합은 대체로 근정전에 대응하는 사정전을 지칭하였다. 그렇지만 합은 반드시 왕에게만 사용되는 것이 아니라 세자는 물론 고위관료들의 경우에도 사용되었다. 즉 조선시대에 합은 공식행사가 거행되는 공간의 안쪽 공간을 의미하는 보통명사였던 것이다.30)

『국조오례의』 길례의 거가출궁에 표시된 '사정전 합외'와 '합외'의 합은 구체적으로는 왕이 머무는 사정전이었다. 따라서 합외는 사정전의 바깥을 의미하였다. 다만 합은 왕이 머무는 사정전 전체를 지칭할 때도 있었고, 사정전 중에서도 왕이 머물고 있는 실내 공간만을 지칭할 때도 있었다. 예컨대 『국조오례의』 길례의 거가출궁에서 단순히 '합외'라고만 표시된 곳은 구체적으로는 사정전 중에서도 왕이 머물

30) 경세진·조재모(2009), 「閤門을 통해 본 朝鮮時代 宮闕의 內外槪念」 『대한건축학회논문집』 25-12, PP.310-317.

고 있는 실내 공간 즉 사정전의 동온돌의 바깥이란 의미였고, 이 경우 합과 합외를 구분하는 경계는 사정전 동온돌의 출입문이었다. 반면 '사정전 합외'로 표시된 곳은 사정전 전체의 바깥을 의미하였고, 이 경우 합과 합외를 구분하는 경계는 사정전의 정문인 사정문이었다.31) 따라서 사정전의 동온돌에서 대기하던 왕은 3엄 후에 동온돌을 나와 사정전의 정문인 사정문으로 가서 여를 타고 근정문까지 이동하였다. 물론 사정전의 동온돌에서 사정문까지는 도보로 이동하였다.

사정문에서부터 여를 타고 근정문까지 이동한 왕은 근정문에서 연으로 갈아타고 제소의 대문 즉 남문까지 이동하였다. 그리고 제소 대문에서 여로 갈아타고 제소의 합문 밖에까지 갔다가, 합문에서부터는 다시 여에서 내려 도보로 합으로 들어갔다. 결국 『국조오례의』 길례에 규정된 왕의 행차는 도보, 여, 연의 세 가지로 구성되었으며 도보

〈표 3-3〉 「세종실록」 오례의 길례와 「국조오례의」의 길례 중 거가비교

『세종실록』		『국조오례의』	
여	시어소에서 근정문 외까지	도보	합내에서 합문인 사정문까지
상로	근정문 외에서 제소 대문 외까지	여	사정문 외에서 근정문 외지
의장	궐문 외	연	근정문 외에서 제소 대문외까지
여	제소 대문 외에서 재궁 까지	의장	홍례문 외
		여	제소 대문 외에서 합문까지
		도보	합문 외에서 합내까지

31) 경세진·조재모(2009), 「閤門을 통해 본 朝鮮時代 宮闕의 內外槪念」 『대한건축학회논문집』 25-12, P.314.

는 합내에서 합문까지, 여는 합문에서 대문까지, 연은 대문에서 대문까지 사용되었던 것이다. 왕의 행차를 구성하는 도보, 여, 연 중에서 핵심은 물론 연이었는데, 이 연은 『세종실록』 오례 길례의 상로가 바뀐 것이었다. 이상의 내용을 정리하면 〈표 3-3〉과 같다.

4) 상로와 오로(五路)

『세종실록』 오례의 길례 행차에서 왕의 거가 중에 상로가 규정된 이유는 고려시대 이래로 상로가 왕의 길례 행차에 이용되었을 뿐만 아니라 조선을 건국한 태조 이성계는 물론 태종도 길례 행차 때 상로를 이용했기 때문이다. 『고려사』에 의하면 고려 정종 9년(1043) 11월에 거란 왕이 거로(車路)를 하사 였다고 하며, 문종 3년(1049)과 문종 9년(1055) 그리고 문종 11년(1057)에도 거로를 하사했다고 한다.[32] 이때의 거로가 구체적으로 무엇인지는 밝혀지지 않았지만 문종 19년(1065)에 거란 왕이 상로를 하사했다는 기록에서[33] 이전에 받은 거로가 상로였음을 추정할 수 있다.

고려의 왕들은 거란뿐만 아니라 금나라로부터도 상로를 받았다. 예컨대 인종 20년(1142) 5월에 금나라로부터 상로를 받았는데, 10월에 있었던 종묘제사에 이 상로를 타고 갔으며, 후에는 원구단 제사 때에도 이 상로를 이용하였다.[34]

고려시대의 왕들이 거란의 요나라 또는 여진의 금나라에서 받은

32) 『고려사』 志, 輿服, 輿輅, 王輿輅.
33) 『고려사』 志, 輿服, 輿輅, 王輿輅.
34) 『고려사』 志, 輿服, 輿輅, 王輿輅.

상로를 타고 종묘제사나 원구단 제사에 갔다는 것은 고려시대의 최고 국가제사에서 상로가 이용되었음을 의미한다. 이에 따라 고려시대에는 상로에 관련된 제도가 자세하게 정비되었다. 앞에서 살펴본 것처럼 고려의 상로는 붉게 칠한 수레로서 금과 은으로 장식하고 수레의 끝부분을 상아로 꾸민 것으로서 자백마(赭白馬)가 끌었으며 육사와 교묘(郊廟)에 두루 이용되었다.[35]

그런데 본래 상로는 중국에서 제왕이 타던 다섯 가지 수레 즉 오로(五輅)의 하나였다. 『주례(周禮)』에 의하면 로(輅)는 로(路)로도 쓰이는데 오로(五路)는 옥로(玉路), 금로(金路), 상로(象路), 혁로(革路), 목로(木路)의 다섯 가지 로였다.[36] 제왕이 타는 수레를 로라고 하는 이유는 본래 제왕은 한 곳에 머무는 곳이 아니라 천하를 돌아다니기에 제왕이 머무는 곳을 로라고 하였으며, 수레 역시 제왕이 머물러 있는 곳이므로 로라고 하였다.[37] 그래서 제왕이 타는 수레는 로(路)뿐만 아니라 로(輅)로도 표시되었다.

그런데 제왕의 오로는 수레의 끝부분을 마무리하는 재료에 따른 구분이었다. 즉 옥로는 수레의 끝부분을 옥으로 마무리하였음에 비해 금로는 금으로, 상로는 상아로 마무리하였던 것이다. 반면 혁로나 목로는 수레의 끌채를 혁(革)으로 만들었는지 아니면 목(木)으로 만들었는지에 따른 구별이었다.

중국의 역대 왕조에서 오로는 제왕 즉 황제의 수레를 상징하였다. 예컨대 당나라 황제의 수레 역시 옥로, 금로, 상로, 혁로, 목로의 오로였다.[38] 오로는 비록 다섯 가지로 구분되지만 수레의 끝부분을 마

---

35) 『고려사』志, 輿服, 輿輅, 王輿輅.
36) 『周禮』春官, 巾車.
37) 『周禮』春官, 巾車-鄭玄 注.
38) 仁井田陞(1964), 『唐令拾遺』鹵簿令 제19, 東京大學出版會, P.514.

무리하는 재료만 다를 뿐 나머지는 기본적으로 동일하였다. 즉 오로는 황제가 타는 수레이므로 황제를 상징하는 다양한 문양과 조각이 새겨져 있었고, 그런 의미에서 전통시대 중국을 대표하는 수레였다. 명나라 때 편찬된 『삼재도회(三才圖會)』에 의하면 오로에는 황제를 상징하는 일월, 북두칠성 등의 문양이 장식되어 있는데, 물론 이는 오로가 황제의 수레였기 때문이다. 아울러 오로는 네 필의 말이 끄는 수레였다.

오로 중의 하나인 상로 역시 근본적으로는 황제의 수레였다. 이런 상로를 거란의 요나라 및 여진의 금나라 왕이 고려 국왕에게 하사한

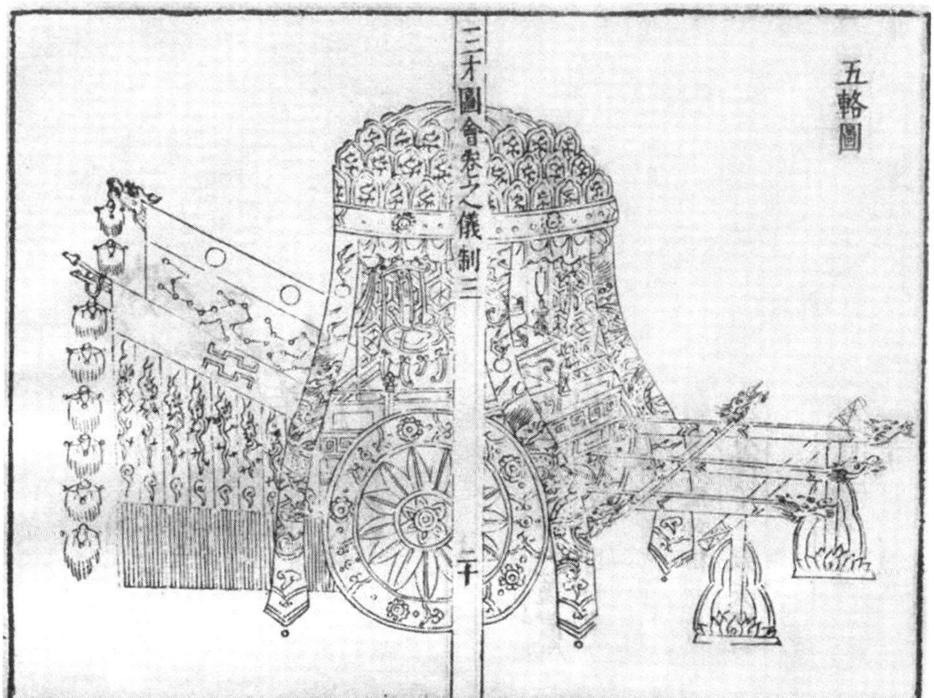

〈그림 2-6〉 『삼재도회』의 오로도

것은 고려왕에 대한 특별한 배려에서 나온 것이라 할 수 있다. 고려시대의 국왕이 당시의 최고 국가제사를 지낼 때 상로를 탄 이유도 상로가 황제의 수레를 상징하였기 때문이었다. 그러므로 고려시대 왕의 수레 문화를 상징하던 것은 역시 상로였다고 할 수 있다.

조선이 건국된 후에도 상로는 고려 때와 마찬가지로 종묘제사를 비롯한 다양한 국가제사에서 이용되었다. 특히 상로는 태조 이성계가 한양으로 천도하여 종묘를 세우고 제사를 지낼 때 활발하게 이용되었다. 태조 이성계는 동왕 3년(1394) 10월에 개경에서 한양으로 천도했다. 이에 앞서 태조 3년 9월 9일에 종묘, 사직, 궁궐 자리 등이 결정되었다.[39] 그리고 동년 12월 4일부터 한양의 종묘 공사가 시작되었다.[40] 종묘 공사와 신궐 공사는 태조 4년(1395) 9월에 마무리되었다.[41]

한 달 후인 윤9월 1일에는 종묘이안도감(宗廟移安都監)이 설치되었다.[42] 이번의 종묘 이안은 개경에 있던 왕실 신주들을 한양으로 옮겨와 모시는 역사적인 행사였다. 이에 따라 태조는 윤9월 26일에 각사에서 1인을 차출해 개경에 보내 4대 신주를 모셔오게 하였다.[43] 태조 자신은 윤9월 27일부터 신궐에서 재계 하기 시작했다.[44] 윤9월 28일에 신주가 한양에 도착하여 이날로 종묘 이안제(移安祭)를 거행하였다.[45] 다만 이때의 이안제는 태조 이성계가 직접 거행하지 않고 판문하부사 권중화로 하여금 섭행하게 하였다.[46] 이유는 바로 며칠

39) 『태조실록』 6, 3년(1394) 9월 9일(병오).
40) 『태조실록』 6, 3년(1394) 12월 4일(기사).
41) 『태조실록』 8, 4년(1395) 9월 29일(경신).
42) 『태조실록』 8, 4년(1395) 윤9월 1일(임술).
43) 『태조실록』 8, 4년(1395) 윤9월 26일(정해).
44) 『태조실록』 8, 4년(1395) 윤9월 27일(무자).
45) 『태조실록』 8, 4년(1395) 9월 28일(기축).
46) 『태조실록』 8, 4년(1395) 9월 28일(기축).

후에 태조가 종묘에서 친제(親祭)할 예정이었기 때문이었다.

태조 4년(1395) 10월 4일에 태조는 강사포(絳紗袍)에 원유관(遠遊冠)의 차림으로 종묘에 행차했다.[47] 이어서 다음날인 10월 5일에 태조 이성계는 면복(冕服) 차림으로 종묘제사를 거행하였다.[48] 이때의 종묘제사에 필요한 의례, 아악 등은 조준과 정도전이 주도하여 마련했는데 주로 정도전이 마련하였다.[49]

태조 4년 10월 5일에 태조가 직접 거행한 종묘 제사는 여러 면에서 중요했다. 무엇보다도 한양으로 천도한 후 태조가 새로 건설된 종묘에서 직접 거행한 첫 번째 제사였다는 점에서 중요했다. 다음으로 정도전 등 성리학자들이 유교 예제에 입각해 새로 마련한 종묘 의례, 종묘 아악 등에 의거해 거행되었다는 점에서도 중요했다. 따라서 이때의 종묘 제례는 장차 조선왕조 종묘제례의 전범으로 기능할 수 있었다.

바로 이때의 종묘제사와 관련된 일련의 행사에서 태조 이성계는 상로를 다양하게 활용하였다. 즉 윤9월 28일에 개경의 신주가 한양에 도착했을 때 태조 이성계는 상로를 이용한 의장으로써 신주를 맞이하여 종묘에 봉안하였다.[50] 그리고 10월 4일의 종묘 친제 때에도 태조 이성계는 상로를 타고 종묘에 행차하였다.[51] 이후로 태조는 물론 태종도 종묘에 친제할 때는 상로를 이용하였으며 그 결과로 『세종실록』 오례의 길례 행차에 상로가 규정되었던 것이다.

---

47) 『태조실록』 8, 4년(1395) 10월 4일(갑오).
48) 『태조실록』 8, 4년(1395) 10월 4일(갑오).
49) 『태조실록』 8, 4년(1395) 10월 4일(갑오).
50) 『태조실록』 8, 4년(1395) 9월 28일(기축).
51) 『태조실록』 8, 4년(1395) 10월 4일(갑오).

5) 상로에서 연으로의 변화과정과 의미

태조 이성계가 조선을 건국한 후 이용한 상로는 고려시대부터 이용되던 것이었다. 즉 명나라로부터 받은 상로가 아니었던 것이다. 이는 제후국을 자처하던 조선에 명분상의 논란을 불러 올 수 있었다. 왜냐하면 상로는 근본적으로 황제의 수레인데, 현재의 황제국인 명나라의 허락도 없이 조선왕이 상로를 이용하는 것은 명분에 어긋난다는 비판이 가능했기 때문이었다.

그럼에도 불구하고 태조 이성계가 한양으로 천도한 후 종묘제사 때 상로를 이용한 이유는 고려시대 이래로 종묘 제사에서 상로가 이용되었기 때문이었다. 즉 태조 이성계는 상로 이용에서 명분보다는 전통을 따랐던 것이다. 태조 이성계 이후 정종, 태종, 세종은 태조 이성계의 전례를 따라 종묘 제사에서 상로를 이용하였다. 하지만 조선이 점차 유교화 되면서 상로 이용에 대한 비판이 제기되었을 것은 충분히 예상할 수 있는 일이다. 다만 언제, 누구에 의해, 무슨 계기로 상로 이용이 정지되고 연으로 대체되었는지 검토할 필요가 있다.

실록을 통해 살펴보면 왕의 길례 행차에서 상로 대신 연을 쓰게 되는 내용은 세조 1년(1455) 7월 23일자 기사에 처음 나타난다. 이에 의하면, 장차 8월 5일에 거행될 왕의 사직 친제를 위해 예조에서 '친제사직의주(親祭社稷儀註)'를 보고하였는데, 그 중에 "이전 의주에 의하면 출궁과 환궁 절차에 상로를 타고 내리는 절차가 있었으나 이번에는 새로 정한 의주에 의거하여 연을 타고 내리는 것으로 하였습니다."[52]라는 내용이 있다. 여기에 언급된 '이전 의주'는 『세종실록』 오례의 길례행차를 지칭한다. 즉 앞에서 이미 검토한 것처럼

52) 『세조실록』 권 1, 1년(1455) 7월 23일(병신).

『세종실록』 오례의 길례행차에서는 왕의 출궁과 환궁 때 거가로 상로가 규정되어 있었다.

그런데 세조 1년(1455) 8월 5일의 사직 친제를 앞두고 예조에서는 갑자기 기왕의 상로 대신 연을 이용하자고 제안하였고 세조는 수락하였다. 실록에는 예조에서 왜 상로 대신 연을 이용하자고 제안하였는지 그 이유가 전혀 기록되지 않았다. 그렇지만 예조에서 독단적으로 상로를 폐지하고 연을 채용하였을 가능성 또는 세조의 독단으로 그렇게 되었을 가능성은 매우 적다.

왜냐하면 조선의 왕은 건국 이래로 사직 친제 때 상로를 이용하였기 때문이다. 심지어 왕의 사직 친제 때 상로를 이용한다는 것은 『세종실록』 오례에 규정되기까지 하였다. 즉 세조 당시에 왕의 사직 친제 때에 상로를 이용하는 것은 태조 이성계 이래의 전통이자 세종이 규정한 예법이기도 하였다. 그런 전통과 예법을 예조나 세조가 특별한 명분이나 배경도 없이 갑자기 개정한다는 것은 상상하기 어렵다. 그렇다면 예조나 세조가 상로 대신 연으로 개정한 특별한 명분이나 배경은 무엇일까?

1455년(세조 1) 윤6월 11일에 세조는 단종의 선위라는 형식으로 왕위에 올랐다.[53] 즉위 이전의 세조 즉 수양대군은 잠저에 머물고 있었다. 그러므로 단종의 선위 이후 세조는 궁궐로 행차해야 했다. 당시 단종은 경복궁에 머물고 있었다. 이에 따라 세조는 선위를 받은 다음날인 윤6월 12일에 최초로 잠저에서 경복궁까지 행차하게 되었다. 선위를 받은 후였으므로 세조는 이미 왕의 신분이었고 그의 행차는 왕의 행차였다. 세조는 법가의장(法駕儀仗)을 갖추고 잠저에서 경복궁으로 행차하였다.

---

53) 『세조실록』 권 1, 1년(1455) 윤6월 11일(을묘).

조선시대의 법가의장은 왕의 행차에 수반되는 세 가지 의장 즉 대가의장(大駕儀仗), 법가의장(法駕儀仗), 소가의장(小駕儀仗) 중의 하나였다. 『세종실록』 오례에 의하면 대가의장은 종묘와 사직 제사 등 대사에 수반되는 국왕 의장이었고 법가의장은 선농 제사 등 중사에 수반되는 국왕 의장이었다.[54] 앞에서 살펴본 것처럼 『세종실록』 오례의 길례 행차에서 국왕이 대사나 중사를 친제할 때는 상로를 이용하도록 규정되었다. 따라서 법가의장으로 행차할 때는 상로를 이용하는 것이 관행이었다.

그런데 선위를 받고 법가의장으로 잠저에서 경복궁까지 행차한 세조는 상로가 아닌 연을 이용하였다. 즉 세조는 잠저에서부터 경복궁의 정문인 광화문까지는 연을 탔고, 광화문에서부터 근정전까지는 도보로 갔던 것이다.[55] 잠저로 돌아올 때는 근정전에서 광화문까지는 도보로 갔고 광화문에서부터 잠저까지는 연을 탔다. 이후 약 10일 동안 세조는 계속 잠저에 머물면서 매일 경복궁으로 행차하였는데 그 때마다 연을 이용하였다. 그렇다면 이미 선위를 받은 세조가 국왕의 의장인 법가의장까지 수반하면서도 상로를 이용하지 않고 연을 이용한 이유는 무엇일까?

그것은 무엇보다도 세조의 정치적 입장 때문이었다. 세조는 비록 선위라는 형식을 취했지만 왕위를 강탈했다는 혐의에서 자유로울 수 없었다. 이에 따라 세조는 선위를 받던 윤6월 11일에 사양하는 모습을 연출하였다.[56] 단종의 선위를 마지못해 수락한다는 모습을 보이기 위해서였다. 마찬가지로 윤6월 12일에 세조는 잠저에서 경복궁으로 행차할 때 상로가 아닌 연을 이용함으로써 마지못해 선위를 수락하였음을 대내외에 과시하려 했던 것이다. 또한 윤6월 20일에 잠저에서 경복궁으로 옮길 때까지[57]

---

54) 『세종실록』 五禮, 嘉禮序禮, 鹵簿.
55) 『세조실록』 권 1, 1년(1455) 윤6월 12일(병진).
56) 『세조실록』 권 1, 1년(1455) 윤6월 11일(을묘).
57) 『세조실록』 권 1, 1년(1455) 윤6월 20일(갑자).

선위 후 약 10일 동안을 세조는 잠저에서 경복궁으로 매일 행차하였는데 그 때마다 연을 이용한 것 역시 같은 목적에서였다. 이는 당시의 상로가 왕의 권위와 정통성을 상징하는 최고의 거가였음에 비해 연은 그보다 격이 떨어지는 거가였기 때문이었다.

『세종실록』 오례에 의하면 왕의 거가에서 연이 이용되는 경우는 명나라 황제의 조서를 받기 위해 교외로 행차할 때와 선왕의 장례를 치르기 위해 발인할 때의 두 가지였다. 조서는 명나라 황제가 천하에 공포하는 글이었기에 조선 왕은 교외에까지 나가서 조서를 영접하였다.[58] 이때 조선 왕은 명실상부하게 제후국 왕의 자격으로 영접을 나갔고 그 결과 상로가 아닌 연이 이용되었다. 또한 발인은 아직 장례를 치르기 전에 거행되므로 후계 왕은 비록 왕이기는 하지만 겸양하는 의미에서 상로 대신 연을 이용하였다.[59] 이런 내용에서 알 수 있듯이 연은 상로에 비해 훨씬 소박하고 작았다. 세조는 이런 연을 이용함으로써 마지못해 선위를 받았음을 과시하려 한 것인데, 이는 뒤 이은 종묘 친제와 사직 친제에서도 그대로 연출되었다.

윤6월 11일에 선위를 받아 즉위한 세조는 자신의 즉위를 고하기 위해 7월 4일 종묘에 친제하였다.[60] 당시 세조는 종묘 친제의 절차를 크게 간소화 하였다. 즉 세조는 종묘에서 친제한 후 환궁할 때 의례 거행하던 산붕(山棚), 나례(儺禮), 가요(歌謠)를 폐지하게 하였던 것이다.[61] 당시 세조가 종묘에 친제할 내 상로를 이용했는지 아니면 연을 이용했는지는 확인되지 않는다. 하지만 앞 뒤 정황으로 볼 때 연을 이용했을 가능성이 아주 높다. 그것은 7월 4일의 종묘 친제 이후 한 달여 후인 8월 5일의 사직

58) 『세종실록』 五禮, 嘉禮儀式, 迎詔書儀.
59) 『세종실록』 五禮, 凶禮儀式, 發引儀.
60) 『세조실록』 권 1, 1년(1455) 7월 4일(정축).
61) 『세조실록』 권 1, 1년(1455) 윤6월 14일(무오).

친제에서 갑자기 상로가 이용되지 않고 연이 이용된 사실에서 그렇다.

앞에서 언급하였듯이 예조는 8월 5일에 거행될 사직 친제를 위해 7월 23일에 '친제사직의주(親祭社稷儀註)'를 보고하였는데, 그 때 기왕의 상로 대신 연을 이용하자는 제안을 하였고 세조는 허락했다.[62] 예조에서 '친제사직의주'를 보고한 7월 23일은 세조의 종묘 친제가 있었던 7월 4일로부터 19일 후인데 그 동안 예조는 『세종실록』 오례와 전례 등을 참조하여 '친제사직의주'를 마련하였을 것이다. 그러면서도 상로를 연으로 바꾼 이유는 세조 즉위 후의 경복궁 행차와 종묘 친제 때 상로 대신 연이 이용되었기 때문이었을 가능성이 가장 높다. 즉 세조의 입장에서는 마지못해 선위를 받았음을 대내외에 천명하기 위한 정치적 입장에서 상로 대신 연을 이용하였던 것인데, 예조의 입장에서는 상로가 근본적으로 황제의 수레이므로 상로 대신 연을 이용하는 것이 명분에 합당하다는 판단에서 상로에서 연으로의 개정에 반론이 없었을 것으로 판단되는 것이다. 그 결과 세조 즉위 후 최초의 종묘 친제와 사직 친제에서 상로 대신 연이 이용되었고 그것이 전례가 되었다. 이것이 세조대에 편찬되기 시작하여 성종 대에 완성된 『국조오례의』 길례행차에서 상로 대신 연이 왕의 거가로 규정된 근본적인 배경이었다.

『주례』에 의하면 왕후의 오로는 중적(重翟), 염적(厭翟), 안거(安車), 적거(翟車), 연거(輦車)인데[63] 이 중 중적, 염적, 안거, 적거의 네 가지 수레는 말이 끄는데 비해 연거는 말 대신 사람이 끌었다 .게다가 연거는 장식을 하지 않고 단순하게 칠하기만 하였다. 이에 따라 연거는 왕후가 궁중에서 조용히 타는 소박한 수레로 이용되었다. 즉 『주례』에 나타나는 연거는 왕후의 오로 중에서 가장 소박할 뿐만 아니라 공적 용도보다는

62) 『세조실록』 권 1, 1년(1455) 7월 23일(병신).
63) 『周禮』 春官, 巾車.

사적 용도로 이용되던 수레였던 것이다. 명나라 때의 『삼재도회』에 의하면 왕후의 오로 중에서 가장 화려한 중적은 왕의 오로와 마찬가지로 네 필의 말이 끌게 되어 있기는 하지만 장식이나 규모에서는 왕의 오로보다 훨씬 작고 소박하다.

그런데 『국조오례의』 규정된 연은 아예 바퀴도 없는 가마에 불과하였다. 이 연은 『주례』의 연거보다 훨씬 소박하고 작았다. 따라서 연을 상로와 비교해보면 규모나 장식 면에서 비교할 수 없을 정도로 소박하고 작을 수밖에 없었다. 특히 상로는 네 필의 말이 끄는 수레였지만 연은 말 대신 사람이 메고 다니는 가마였다는 점에서 차이가 컸다. 『국조오례의』의 길례 거가에 연과 함께 규정된 여 역시 수레가 아니라 가마였다. 다만 연에는 지붕이 있는데 비해 여에는 지붕이 없다는 차이점이 있을 뿐이었다.

세조 즉위 후에 종묘 친제와 사직 친제는 물론 원구단 친제에서도 상로 대신에 연이 이용되었다.64) 이는 세조 재위 기간에 왕의 거가로서 상

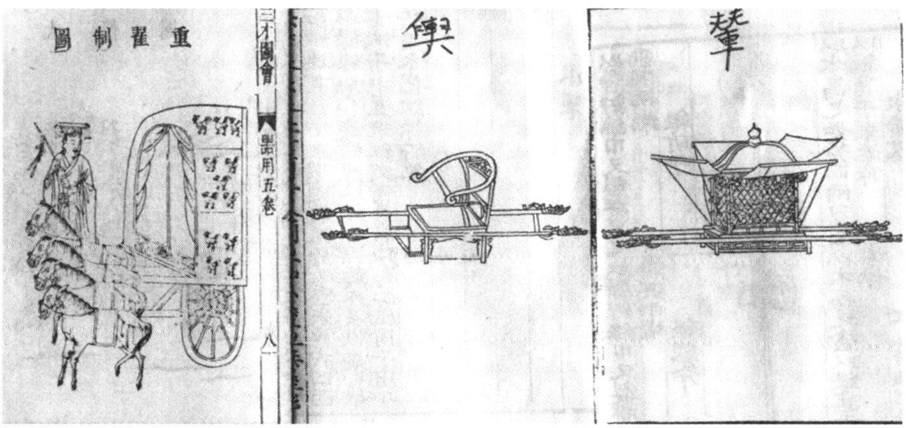

〈그림 2-7〉 『주례』의 연거와 『국조오례의』의 여·연

64) 『세조실록』 권 6, 3년(1457) 1월 15일(경진).

로는 완전해 배제되는 한편 왕의 거가가 연 하나로 통합되어 갔음을 뜻한다.

『세종실록』 오례에는 왕의 거가로서 상로를 비롯하여 연과 마(馬) 등이 규정되어 있었다. 즉 상로는 길례 친제에서 이용되었고, 연은 명나라 황제의 조서를 영접하거나 선왕의 장례를 치르기 위해 발인할 때 이용되었으며, 마는 명나라 황제의 칙서를 영접할 때 이용되었다.[65] 이에 비해 『국조오례의』 에서는 위의 거가가 모두 연 하나로 통일되어 있다. 이 결과 성종 이후에는 연이 왕의 거가를 대표하게 되기에 이르렀다.

왕의 거가가 상로에서 연으로 변화한 의미는 크게 두 가지로 볼 수 있다. 첫째는 왕의 거가도 제후국 체제에 입각한 국가의례로 정비되었다는 점이다. 이는 크게 보면 조선의 유교화 과정에서 나타난 현상이라고 할 수 있다. 두 번째는 왕의 거가에서 수레인 상로가 사라지고 가마인 연과 여가 전용됨으로써 조선왕실의 거가 문화가 기왕의 수레 문화 중심에서 가마 문화 중심으로 바뀌게 되었다는 점이다. 그것은 『경국대전』에 규정된 내사복(內司僕)의 업무가 연과 여에만 한정되어 있는 것에서 명확하게 나타난다.[66] 이 같은 왕실의 가마문화가 양반을 비롯한 사회 전반으로 확산되면서 조선에서는 수레 문화가 퇴조하고 그 대신 가마문화가 발달해 갔다고 할 수 있다.

---

65) 『세종실록』 五禮, 嘉禮儀式, 迎勅書儀.
66) “內寺 掌輦輿廐馬”(『六典條例』 兵典, 司僕司).

3
CHAPTER

자동차, 도구인가 무기인가?

1. 자동차의 의미
2. 자동차의 계보학
3. 속도와 무기
4. 자동차의 표현체제

1. 자동차의 의미

현대인들에게 자동차는 어떤 의미를 가질까? 2011년 현재 인구3명당 1대 꼴로 보급된 자동차는 현대인의 필수품이 되었지만 그 자동차가 갖는 심리적, 사회적, 문화적 의미에 대해서는 제대로 질문된 적이 없다. 다만 도로교통법에 명기된 자동차에 대한 기능적 정의, 즉 '원동기에 의하여 육상에서 이동할 목적으로 제작한 용구'라는 기능적인 정의가 있을 뿐, 자동차가 우리의 생활 속에서 어떤 의미를 갖는지에 대한 논의는 거의 전무한 것이 현실이다.

자동차의 의미에 대한 고민은 없고 기능적 정의만 있다는 사실은 자동차가 주로 기능성의 측면에서 생활을 보다 효율적이고 편리하게 만들어주는 하나의 기계장치로 받아들일 뿐 자동차를 우리 삶의 질을 구성하는 핵심 요소로서 수용하고 있지는 않다는 것을 보여준다. 기능적으로 우수하다는 것이 반드시 바람직한 것은 아니다. 오히려 기능적으로 우수한 기계는 그 기능이 우수한 만큼 인간의 입지를 축소시키는 비인간 혹은 반인간적인 기계가 될 수 있다. 우리 인간은 인간의 삶의 불편과 고통을 덜기 위해서 기계를 고안했지만 일단 기계가 고안되고 나면 그 기계는 기계 그 자체의 논리에 의해 진화하면서 인간을 소외시키고 인간성을 파괴하기도 한다.

다른 한편 이 시점에서 자동차의 의미에 대해 묻는 것이 필요한 이유는 자동차의 기능에 대한 인간의 기본적 욕구가 이미 어느 정도 충족되었기 때문에 이제 사람들은 기능 이외의 요소, 예컨대 심미적 요소나 상징적 요소에 대한 새로운 욕구가 부상하기 시작했기 때문인지도 모른다. 사실 오늘날 자동차를 소유하고 있지 않은 가구는 거의 없다. 자동차를 가지고 있다는 사실은 부의 상징도 아니고 사회적 지위의 상징도 아니다.

오늘날 자동차 그 자체로만 보면 사회적 평등이 실현되었다고 말할 수 있다. 물론 같은 자동차라고 하더라도 고급자동차와 값싼 소형차의 차이가 있지만 그것이 사람들이 일상생활을 하면서 기능적인 측면에서 확연하게 불편을 느낄 정도는 아니다. 이처럼 기계가 기능면에서 어느 정도 수준에 도달하고 나면 사람들은 이제 기계에서 기능 이외의 다른 요소에 대해 관심을 갖게 된다.

사실 '필요는 발명의 어머니'라는 말이 있지만, 많은 경우 발명품은 호기심에 사로잡히거나 이것저것 주물럭거리는 일을 좋아하는 사람들이 개발했고, 필요는 그 후에 생겨났다. 일단 호기심이나 상상력에서 어떤 물건이 발명되고 그 후에 발명자는 그것의 용도를 생각 했다. 그리고 일반 소비자들은 어떤 필요가 있어서 새로운 발명품을 찾는 것이 아니라 발명품을 발견하고서 그것의 용도를 생각하게 된다. 그래서 소비자들은 그것이 필요하다고 느끼게 되고 그것에 대한 새로운 시장이 형성되는 것은 상당기간이 지난 후에야 가능한 것이다.

또 어떤 물건은 어느 한 가지 용도를 위해서 발명되었지만 결국에는 오히려 예기치 못했던 다른 용도에 더 많이 쓰이게 되는 경우도 있었다. 재레드 다이아몬드(Jared Diamond, 1997)는 이러한 사례로 토머스 에디슨이 발명한 축음기를 들고 있다. 그에 따르면, 1877년 에디슨이 최초의 축음기를 만들었을 때 그는 이 발명품의 용도 열 가지를 제시하는 글을 발표했다. 거기에는 죽어가는 사람의 마지막 말을 보존하는 일, 시각 장애자들이 들을 수 있도록 책을 녹음하는 일, 시간을 알려주는 일, 철자법을 가르치는 일 등등이 포함되어 있었다.

이 목록에 음악을 재생하는 일은 우선순위에서 상위권에 들지도 못했다. 그리고 몇 년 후 에디슨은 조수에게 자신의 발명품은 상업적인 가치가 없다고도 말했다. 그러나 몇 년 후에는 마음을 바꾸어 사무용 구술 기계의 용도로 축음기 판매 사업을 시작했다. 다른 기업가들이 축음기를 이용하여 동전을 넣으면 대중음악이 흘러나오는 주크박스를 만들어냈을 때 에디슨은 자기 발명품이 사무용이라는 중요한 용도를 벗어나서 그렇게 전락하는 것에 대해 반대했다. 그리고 20년이 흐른 후에야 에디슨은 축음기의 주된 용도는 음악을 녹음하고 재생하는 일이라는 데 마지못해 동의했던 것이다.

자동차 역시 오늘날에는 그 용도가 명백해 보이는 발명품이지만, 이것은 그 어떤 수요에 따라 발명된 것이 아니다. 니콜라우스 오토가 최초의 가스 기관을 만들었던 1866년 당시 사람들이 육상 운송에 말을 이용한지

〈그림 3-1〉 Daimler Reitwagen

는 이미 6000년에 가까워지고 있었다. 그 말도 수십 년에 걸쳐 차츰 증기 기관을 이용하는 철도로 대체되는 중이었다. 말은 얼마든지 구할 수 있었고 철도에 대해서도 불만 따위는 없었다. 오토가 만든 엔진은 힘이 약하고 무겁고 높이는 2.1미터에 달하여 결코 말보다 호감이 가는 물건은 아니었다. 그 후 개량을 거듭하여 1885년에 이르러서야 비로소 고틀리프 다임러(Gottlieb Daimler)가 자전거에 이 엔진을 설치하여 최초의 오토바이를 만들었고 그는 다시 1896년에야 최초의 트럭을 만들었다.

1905년까지도 자동차는 여전히 부자들이나 즐길 수 있는 비싸고 불안정한 장난감에 불과했다. 말이나 철도에 대한 대중의 만족도는 제1차 세계 대전이 일어날 때까지만 해도 맹우 높았는데 그때부터 군대에서도 트럭의 필요성을 깨닫게 되었다. 전쟁이 끝난 후 트럭 제조업자들과 각국의 군대는 집중적인 로비 활동을 통해 마침내 대중에게도 그 필요성을 납득시켰고, 그 결과 산업화된 여러 국가에서는 트럭이 마차를 대신하기 시작했다. 그러나 미국의 가장 큰 대도시에서도 완전한 교체가 이루어지기까지는 50년이 걸렸다.

이처럼 기계를 필요나 기능에 입각해서 접근하는 것은 일면 타당하지만 반드시 그런 것은 아니다. 오히려 인간은 창의적이고 도전적인 존재라는 점을 감안했을 때 그들의 창의성과 도전정신을 구성하고 있는 인문학적 상상력의 관점에서 접근하는 것이 매우 의미있는 작업일 수 있다고 본다. 인문학적 상상력은 기계를 어떤 객관적 객체로 보지 않는다. 인문학적 상상력은 또한 기계를 어떤 주관적 주체로 보지도 않는다. 그것은 주관과 객관, 관념과 유물, 사실과 의견 등등의 이분적 도식에서 벗어나서 늘 인간들의 삶의 현장이라는 지평에서 사유한다.

인문학적 상상력의 입장에서 의미(meaning)에 대해 묻는다는 것은 삶(life world)이라는 배경 속에서의 기계와 인간의 관계에 대해 생각한다는

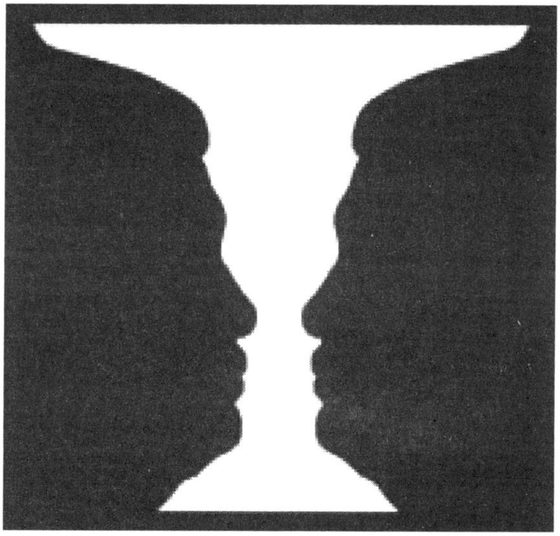

〈그림 3-2〉 루빈의 컵

것을 말한다. 그것은 사물 혹은 사태를 인식함에 있어서 배경(ground)과 대상(figure)의 상관성을 전제하는 동시에 기계와 인간의 관계성을 전제한다는 것을 뜻한다. 우선 인간의 지각원리에 대한 게슈탈트(Gestalt) 심리학에 따르면, 인간 지각의 궁극적인 요소는 '원자적' 성분이 아니라 분해할 수 없는 일종의 구조 내지 관계로서 개별적인 감각 데이터에 대한 지각은 전체 구조에 의해 지배를 받는다고 한다. 다시 말해서 우리가 사물의 형태를 본다는 것은 단순히 보는 것이 아니라, 형태와 그것이 놓여있는 배경과의 관계에서 형태를 선택적으로 본다는 것이다.

한편, 의미는 기계 그 자체에 내재하는 것이 아니라 기계와 인간의 관계 속에서 그 기계가 쓰이는 용도에 의해 달라진다. 자동차의 의미는 자동차를 구성하고 있는 기계 부품의 속성에 있는 것이 아니라 자동차의 구체적인 쓰임에 있다. 자동차는 그것의 용도, 예컨대 화물을 실어 나르는 화물차, 전기철도 위를 달리는 전동차, 운임을 받고 정해진 길을 운행하는 버스, 사람이 타고 다니는 승용차 등등으로 달리 불린다. 다시 말해서 하나의 도구로서 자동차는 달리는 도로는 물론, 실어 나르는 종류, 정해진 코스 여부, 타고 있는 사람의 수 등등에 따라 불리는 이름이 달라진다. 그래서 우리가 자동차라고 말할 때, 그것은 차체뿐만 아니라 고속도로, 주유소, 네온사인, 화물, 사람 등 자동차가 등장함으로써 생겨나거나 바뀐 무수히 많은 상황과 습관을 통틀어 일컫게 된다.

쓰임(use)이라는 말은 매우 인간지향적인 개념이라고 할 수 있다. 쓰임이란 어떤 용도를 가정하는 것이며, 구체적인 상황을 배경으로 하는 것이자, 실질적인 어떤 행위의 결과를 염두에 두고서 하는 말이다. 특정 기계는 다양한 상황에서 다양한 용도로 쓰일 수 있다. 그리고 그 쓰임에 따라 그것은 서로 다른 이름으로 불린다. 마치 동일인이 상황에 따라서 교수로, 아빠로, 아저씨로, 아들로 불리는 것처럼 동일한 기계도 그것이 쓰이는 상황 혹은 맥락에 따라서 서로 다른 이름으로 불리는 것과 같다. 다시 말하면 특정한 기계의 의미는 그것의 속성을 내재적으로 갖고 있다기보다는 그 기계와 이웃하는 여러 관련항들의 배치에 따라 외부적으로 정해진다는 것이다. 이것은 자동차의 의미가 기본적으로 '자동차의 이용 주체로서의 인간 - 자동차 그 자체 - 생활 세계'라는 전체적 맥락을 전제로 해야만 규명될 수 있다는 것을 뜻한다.

2. 자동차의 계보학

자동차를 기능에 의해 정의하게 되면, 자동차의 원초적 기능은 운송체(vehicle)라는 것이 된다. 운송체 중에서도 자동차는 사람의 힘이나 동물의 힘으로 움직이는 것이 아니라 자체의 힘으로 움직이는 자동 운송체(motor vehicle)라고 할 수 있다. 무엇이든 운송하기 위해서는 어느 한 지점에서 다른 한 지점으로의 장소 이동(movement)이 필수적이다. 원초적으로 인간은 이동하기 위해서 발(foot)을 이용한다. 인간은 손에 들거나, 등에 지고, 혹은 머리에 이고 발을 이용해서 장소를 이동한다. 마찬가지로 때로 동물을 타고 이동하는 경우에도 인간은 동물의 발을 이용한다. 이 경우 자동차는 발의 연장이라고 할 수 있다.

그러나 발이 자동차로 연장되기 위해서는 그 중간에 바퀴(wheel)가 있었다. 인류는 바퀴를 발명함으로써 운송의 양을 획기적으로 증대시킬 수 있었을 뿐 아니라, 바퀴와 동물의 힘을 결합시킴으로써 훨씬 먼 거리를 힘을 들이지 않고 이동할 수 있게 되었다. 이른바 마차(馬車)가 등장한 것인데, 이러한 마차가 등장했다는 것은 당시 사회적으로 마차의 필요성이 그만큼 있었다는 이야기가 된다.

그것은 우선 마차를 이용해서 실어 날라야 될 만큼 많은 양의 운송물이 있었다는 이야기가 된다. 그리고 한 장소에서 다른 장소로 운송물을 옮겼다는 것은 일종의 거래, 교환이 있었다는 이야기가 된다. 이 말은 당시 사회가 수렵이나 채집에 의존하는 사회가 아니라 한 장소에 정주해서 생활하는 농경사회였다는 것을 의미한다.

그리고 바퀴와 바퀴에 의해 이동하는 마차가 제 기능을 다하기 위해서는 마차가 다닐 수 있는 도로(road)가 있어야 했다. 마차의 일정한 크기와 기후 변화와 관계없이 안정되게 마차를 이용하기 위해서는 일정한 폭과 잘 포장된 도로가 필요했다. 그러한 도로를 만들기 위해서는 여러 사람들의 공동노동이 동원될 필요가 있고, 그러한 동원을 강제할 수 있는 중앙집중적인 권력이 필요하다.

다시 말해서 마차가 등장하기 위해서는 그에 수반되는 잘 닦인 도로, 운송할 만큼의 충분한 운반물, 그러한 운반물을 교환할 수 있는 시장, 그리고 무엇보다도 이러한 제반 사항들을 건설하고 유지, 관리할 수 있는 권력구조 등이 갖추어져 있어야 했다.

바퀴 달린 마차가 자동차로 진화하는 데는 무엇보다도 동력장치의 개발이 필요했다. 예컨대 1569년 네덜란드인 S.스테핀은 돛에 바람을 받아 주행하는 풍력(風力) 자동차를 만들었고, 1770년 프랑스의 N.J.퀴뇨는 증기로 가는 외연기관(external combustion engine) 자동차를 제작했는데, 이는 역사상 처음으로 기계의 힘에 의해 주행한 차가 되었다.

그러나 자동차의 본격적인 발전은 내연기관(internal combustion engine)의 발달과 더불어 시작되었다고 할 수 있다. G.다임러가 가솔린을 연료로 하는 가볍고 강력한 기관을 완성하고, 1885년 이것을 목제의 2륜차에 탑재하여 사상 최초의 2륜차를 시작하였다. 또 K.벤츠도 독자적으로 2행정 사이클 가솔린기관을 완성, 다임러와 같은 해인 1885년에 3륜차를 제작하고 다음해에 특허를 얻었다. 이런 관점에서 보면, 자동차는 일종의 '말이 없는 마차'라고 할 수 있다.

그러나 현대인들에게 자동차는 단순히 말이 없는 마차가 아니다. 다시 말해서 자동차는 단순한 운송수단이 아니다. 매체철학자인 옹(Walter Ong, 1982)에 따르면, 자동차를 일체 본적이 없는 사람에게 자동차를 말이 없는 마차라고 설명하는 것은 결국 마차에 대한 이야기를 듣는 것에 지나지 않고, 고작해야 자동차에 대한 기묘한 개념을 건네받는 데 지나지 않는다. 다시 말해서 그는 자동차를 마차는 마차인데, 거기에는 말 대신에 엔진이라는 놈이, 말의 두 눈 대신에 헤드라이트나 백미러가, 말린 사료인 풀 대신에 가솔린을 사용하는 마차라는 식으로 이해하는 것이다. 이런 방식으로는 자동차와 마차의 진정한 차이를 알아볼 수 없다.

현대인들에게 자동차가 갖는 의미를 이해하기 위해서는 단순히 자동차의 기능만을 중심으로 살펴서는 안 되고 자동차가 이용되는 상황이라는 사회적 맥락의 변화를 감안해야 한다. 앞서 마차가 출현하기 위해서는 마차를 이용해서 실어 날라야 될 만큼의 많은 양의 운송물이 있어야 한다고, 그리고 운송물이 있다는 것은 그 만큼 경제 자체가 이미 자급자족적인 수준에서 교환이 필수적인 수준으로 바뀌었어야 했다고 했는데, 마찬가지로 자동차가 출현한 것은 단순히 화물을 운송하기 위한 수단이 필요해서가 아니라 보다 많은 양을 보다 빠르게 운송할 필요가 생긴 것이라고 할 수 있다. 즉 보다 강력한 힘과 보다 빠른 속도가 필요하게 된 것이다.

사실 '운송수단으로서의 자동차'라는 관념은 자동차의 배경이 되는 산업사회의 특성의 반영이라고 할 수 있다. 산업사회는 자급자족적인 전통사회와 달리 분산과 집중의 원리에 따라 구성되는 교환경제체제라고 할 수 있다. 다른 생산지에 비해 같은 상품을 더 적은 비용으로 생산할 수 있는 비교우위의 입지에 집중적인 자원을 배치하여 상품을 생산하고, 이들 비교우위의 상품들 간의 교환을 통해 더욱 효율적인 경제체제를 구축할 수 있다는 산업사회에서 운송의 문제는 매우 중요하다. 따라서 이러한 운송의 문제를 해결하기 위해서는 잘 닦인 도로와 안전한 교통신호 체계,

그리고 보다 많은 운송물을 실어 나를 수 있는 강력한 힘과 빠른 속도가 절실했다.

그러나 전자통신 매체가 발달한 정보사회에서 운송의 중요성은 상대적으로 감소하고 있다. 각종 뉴미디어를 이용한 전자 상거래가 활발히 이루어지면서 종전처럼 자동차를 타고 직장까지 출퇴근을 한다든가 물건을 구입하기 위해 매장에 가는 일이 점차 줄어들고 있다. 광속의 정보전달 시대에 물리적인 거리나 시간은 무의미해졌다. 지금 당장은 아니지만 가까운 미래에 노동이나 직장, 가정 그리고 시장 등등의 성격이 지금과는 전혀 다르게 변할 것이다.

이렇게 변화된 환경에서 예전에 말이 운송 수단으로서의 역할을 상실하고 단순히 오락용으로 바뀌었듯이 자동차의 미래는 운송 수단의 분야에 속하는 것이 아닐 것이다. 추측컨대 미래에 사람들은 자동차에서 내려 다시 예전의 보행자의 위치로 복귀될 수도 있을 것이다.

이런 의미에서 어찌 보면 현대인들에게 자동차는 바퀴의 연장이 아니라 발 그 자체의 연장이며, 사람의 발을 대신하는 말의 발 그 자체의 연장이다. 발의 기능은 단지 이동에 있는 것이 아니다. 발은 뛰기도 하고, 걷기도 하며, 서기도 한다. 또 발은 몸의 건강을 유지 강화하기 위해 운동을 하는데도 필수적이다. 발은 몸의 일부이며, 몸 그 자체이다. 몸이 정신을 실어 나르는 운반체가 아닌 것처럼 발은 몸을 실어 나르는 운반체가 아니다.

발의 기능이 단순히 이동에 있는 것이 아닌 것처럼 자동차의 기능 역시 단순히 운반에 있는 것이 아니다. 그것은 단순히 한 지점에서 다른 지점으로 이동하는 수단이 아니라 일정한 공간적 거리를 얼마나 빠르게 주파할 수 있느냐하는 속도의 문제이고, 현대 생활의 치열한 경쟁 환경에서 다른 사람보다 강력하고 보다 효과적인 도구를 확보하는 문제이기도 하다. 그런 점에서 자동차는 바퀴나 마차와 계보를 같이하는 것이 아니라 오히려 말(horse) 혹은 무기(weapon)와 계보를 같이하고 있다고 할 수 있다. 예컨대 엔진 출력의 힘을 마력(horse power)으로 표시하는 것만 보아도 자동차는 마차보다는 말과 계보를 같이 하고 있는 것이다.

고대 중국 마차 함대(B.C.2,500)

고대 트라키아인의 청동제 4륜마차

3. 속도와 무기

앞서 게슈탈트 지각 원리에 대해 이야기했듯이, 자동차가 새로운 사회를 만들기도 하지만, 역으로 자동차는 그것의 배경이 되는 사회의 성격에 따라 그 의미가 달라지기도 한다. 대상과 배경은 서로가 서로에 대해 영향을 미치는 역동적 관계에 있다. 따라서 자동차가 운송수단이라는 인식은 교환경제를 근간으로 하는 산업사회라는 배경에 의해 형성된 이미지라고 할 수 있다. 초기 인류, 즉 채집과 수렵에 의존하던 유목사회에서 말은 이리 저리 옮겨 다니는 이동의 수단이었을 것이다. 말은 때로는 사람의 연장으로서, 또 때로는 사람과 하나가 되어 사람이 말을 훈련시키고 역으로 말이 사람을 달련시켰을 것으로 짐작된다. 당시 말의 의미는 유목사회라는 사회 성격과 분리해서 이해할 수 없다.

유목민의 단순한 식량 수집이 정착 농업으로 바뀐 뒤로 음식 저장에 대한 욕구는 더 커졌다. 항아리가 더 많은 목적을 위해 필요하게 되었고, 경작을 통해 사람은 자신의 힘을 사물의 형태를 변화시키는 데로 돌렸다. 특정 지역에서 특별한 생산물을 만들어내는 식으로 사회가 변화되었고 그러한 변화는 교환과 운송을 필요하게 만들었다. 이러한 목적을 위해 북유럽에서는 썰매가 기원전 5천년 이전에 사용되었다. 썰매 아래의 바퀴는 손이 아니라 발의 가속을 위한 것이었다. 이러한 발의 가속을 위해 도로에 대한 필요가 생겨났는데, 이는 마치 의자의 형태가 탁자의 필요성을 가져온 것과 같다. 그리고 이런 변화가 연속적으로 진행되면 사회전체의 성격이 바뀌게 된다.

한편, 인류역사의 어느 시기에 사람들은 짐승을 이용하여 짐을 끌어서 옮기는 것보다 바퀴가 달린 운반체를 이용하는 것이 훨씬 효과적이라는 사실을 알게 되었다. 바퀴의 회전운동은 힘을 가장 합리적으로 이용하는 방법으로서 기계문명의 모체가 되었다고 할 수 있다. 중세 시대의 바퀴의 진화는 마구(馬具)와 말의 목사리의 발전과 관련되어 있다. 말의 목사리의 발견으로 드디어 보다 빠른 말의 속도와 인내성을 운반에 이용할 수 있게 되었던 것이다. 일단 이것이 개발되자 마구는 선회하는 앞 차축과 브레이크를 가진 마차로 발전해 갔다. 13세기 중엽이 되자 무거운 짐을 운반하는 사륜마차를 흔히 볼 수 있게 되었다.

사륜마차가 도시생활에 미치는 영향은 대단한 것이었다. 마차는 도로를 만들었고, 생산물을 밭에서 거주지로 보다 빨리 이동시켰다. 농부들은 도시에 살면서 매일 밭으로 나갈 수 있게 되었다. 그리고 가속은 더욱 큰 중심을 만들었고, 더 많은 전문화, 더 강도 있는 자극, 더 큰 집합, 그리고 침략을 만들어냈다. 마차와 도로는 접근 가능한 주변에 따라 〈중심-주변〉의 구조를 만들며 중앙집중화를 촉진했다.

17세기 들어서는 승합마차(horse-drawn bus)가, 19세기에는 노면전차(streetcar)가 차례로 등장하였는데, 이의 등장으로 미국의 도시는, 상점과 공장에서 멀리 떨어진 곳에 있는 주택지대로 발전하였으며, 1920년내 이후에는 기동성이 우수한 버스의 보급으로 쇠퇴하여 미국의 대부분의 도시에서 사라졌다.

운송체로서의 자동차의 등장, 자동차가 편리하게 다닐 수 있는 도로의 확충, 그리고 자동차 운전자의 자격과 교육, 이용자의 요금체계 및 운행계획 등 근대적인 교통체계의 확립을 대표적으로 상징하는 것은 철도라고

〈그림 3-3〉 승합마차(horse-drawn bus)

할 수 있다. 대량생산 대량소비의 거대 상품시장이 가능했던 것도 사실은 산업의 동맥으로서의 철도 및 기차의 등장이었다. 철도가 생기자 철도역에서 걸어갈 수 있는 거리 내에 주택 지대가 형성되고, 교외의 발전이 이루어졌다. 철도 주변의 상점과 호텔은 교외에 특정한 종류의 집중화를 이루게 하였다.

그러나 자동차와 그 뒤를 이은 비행기의 출현은 마차와 도로가 만들어 놓은 〈중심-주변〉의 구조를 해체하였다. 휴먼 스케일(human scale)을 초과하는 힘과 속도를 갖는 자동차와 비행기는 물리적인 거리라는 공간 개념을 무의미하게 만들면서 전 국토를 일일생활권으로 바꾸어 놓았다. 당초 자동차의 등장은 먼 거리에 걸쳐서 화물이나 승객의 운송을 가능케 함으로써 도시를 확대시키고 사회적 분화를 촉진했지만, 자동차의 힘과 속도가 어느 지점을 넘어서자 도시 자체를 내부로부터 폭발시키면서 사회적 통합을 촉진시키는 방향으로 진행되었다.

자동차는 속도를 가속화시킴으로써 도로를 자신 속으로 감아버린다. 결국 도로는 자동차 속으로 사라지고, 자동차와 도로가 하나가 되면서 자동차는 자체 내에 모든 것이 갖추어진 일종의 전차(tank)가 된다.

이 시점에서 자동차는 자신의 길을 필요로 하지 않고, 자동차의 움직임은 나는 새와 같이 자유로우며, 그들의 바퀴는 회전운동의 기원인 점진적이고 연속적인 운동 상태로 존재하지 않는다. 이 시점에서 자동차가 만들어내는 이동은 한 점에서 다른 한 점으로 옮겨가는 식으로 선형적으로 이루어지는 것이 아니라 일정한 공간을 장악하는 방식으로 굳은 정지와 신속한 운동이 하나의 긴장증(catatonia) 형태로 소용돌이를 일으키면서 순간적 성격을 갖게 된다.

〈그림 3-4〉 히틀러가 개발한 세계 최초의 군용 지프(큐벨바겐)

이는 마치 유목민의 전사였던 징기스칸이 번개 같은 속도로 공간을 가로질러 적국의 영토 전역에 걸쳐 작전을 펼침으로써 일대 혼란을 일으키는 전술로 제국을 손쉽게 정복할 수 있었던 것과 같다. 속도의 철학자 비릴리오(Paul Virilio,)는 속도의 발견이 무기를 발명했다고 말한다. 사실 자동차가 일종의 무기가 될 수 있다는 점은 오늘날 많은 자동차 회사들이 전쟁과정에서 성장했다는 사실을 보아도 알 수 있다. 오늘날 대표적인 자동차 회사인 BMW는 애초에 항공기 엔진 제작회사였고, 탱크와 비행기까지 생산한 이탈리아의 피아트는 1·2차 세계대전에서 군수물자를 지원하며 사세를 키웠다. 또 미국의 포드사는 2차 세계대전 당시 독일군의 쉬빔바겐과 큐벨바겐으로 대표되는 기동차량에 대한 열세를 극복하고 산악전과 기습작전을 효과적으로 진행하기 위해 '지프'(Jeep)를 개발했다.

2차 세계 대전 당시 상업 및 군사적인 목적으로 사용되었던 지프는 후에 험한 도로를 주행하는데 탁월함을 가진 SUV(Sport Utility Vehicle)로 진화하였다. SUV는 산악 지형 및 비포장도로에서의 운전이나, 악천후시에도 운전이 용이하도록 설계되었다. 일반 자동차는 2륜구동(2WD)인데 반해 SUV는 4륜구동(4WD)이기 때문에 4바퀴 모두에 동력이 전달되어 가속력이 큰 편이다. 초기에 SUV는 단순히 거친 지역을 주행하기 위한 목적으로 생산되었지만 최근에는 도심지역에서 운행하는 목적이 강조되고 있다.

최근에는 도로상태가 개선되어 많은 SUV운전자들이 비포장도로 및 거친 지역에서 운행하는 일이 줄었기 때문이다. 자동차가 단순한 이동수단이 아니라 현대를 살아가는 하나의 무기라는 점은 오늘날 자동차들이 변모를 보면 더욱 실감나게 알 수 있다.

오늘날 자동차 산업은 IT와의 융합을 본격화하면서 스마트카(Smart

〈그림 3-5〉 Rangerover Evoque – Suv 차량

Car)로의 변신을 꾀하고 있다. 전자제품을 대폭 장착한 지능형 자동차는 한편으로는 운전자의 의도에 반응하면서 다른 한편으로는 운전환경에 관한 정보를 운전자에게 알려줌으로써 인간과 자동차의 일체화를 추구하고 있는 것이다.

자동차 내부에 쓰이는 내비게이션을 비롯해 안전장치와 각종 센서 등이 모두 디지털 기기로 탈바꿈하고 있다.

미래형 자동차로 불리는 스마트카의 개발은 두 가지 영역으로 나뉜다. 안전운전을 위한 첨단기기들을 추구하는 '지능형 자동차' 영역과 편의 장비의 현대화 · 감성화를 추구하는 '인포테인먼트 자동차'다. '똑똑한 차'에 '감성'을 더함으로써 최고의 스마트 자동차를 꿈꾸고 있다.

무기가 도구와 다른 점은 무기가 속도(speed)를 필수 성분으로 갖고 있는 반면, 도구는 중력(gravity)을 이겨내는 것을 필수 성분으로 갖는다는 점이다. 어떤 물건이 도구가 되기 위해서는 그것의 대상이 갖고 있는 강도나 중력의 저항을 이겨내야만 한다. 그렇지 못하면 그 도구는 쓸모없는 것이 되 버린다. 반면 던지거나, 쏘는 무기에서 속도는 결정적이다. 던지는 것은 속도 때문이며, 만약 속도가 없다면, 그것은 단지 건네주는 것에 불과하게 된다. 이런 점에서 들뢰즈(Deleuze, 1987)는 무기의 속도는 도구의 운송과 구별되어야 한다고 말한다.

무기의 일차적 목적은 아군과 적군 사이에서 전선을 무너뜨리는 것이다. 그것은 난공불락의 요새에 틈을 내고 적진을 무너뜨려 새로운 영토를 구축하는 것이라고 할 수 있다. 그런 점에서 무기가 함축하는 것은 인간의 자유로움을 구속하고 감금하는 금기, 울타리, 제도 등등의 홈 패인 공간(striated space)을 파괴함으로써 매끈한 공간(smooth space)으로 만든다는 것이다. 무기를 사용하는 전사의 목적은 물론 이렇게 매끈한 공간을 만드는 것 그 자체는 아니다. 전사는 이렇게 매끈한 공간을 만드는 과정에서 자신의 고유한 영토를 구축한다. 영토화와 탈영토화 그리고 재영토화의 끝없는 반복과 차이가 있을 뿐이다.

들뢰즈는 매끈한 공간에서 이루어지는 전투에서 영토를 재영토화하는 것은 탈영토화의 속도에 달려있다고 말한다. 얼마나 빠른 속도로, 얼마나 먼 곳까지 달려갈 수 있는가, 다시 말해 얼마나 탈영토화의 계수가 큰가에 의해 재영토화의 양상이 결정된다는 것이다. 이동 혹은 운동과 속도는 다르다. 운동(이동)이 빨라진다고 속도가 되는 것은 아니다. 운동(이동)은 연장적(extensive)이고 속도는 강도적(intensive)이다. 운동(이동)이 외파적(explosive)이라면 속도는 내파적(implosive)이다. 이 때 속도는 공간상의 두 지점 사이에서 일어나는 것이 아니라 이동의 궤적상의 매 순간속도에 따라 소용돌이를 일으키는 방식으로 일어난다. 이러한 내파적 속도로 진행되는 전투에서 공간은 부분의 합이 전체가 되는 식으로 점령되는 것이 아니라 동시적으로 전체로서 점령되는 것이다.

일반적으로 무기라고 하면, 파괴와 복수, 정복과 강탈과 같은 부정적인 이미지를 떠올린다. 그리고 무기와 연관되는 전쟁과 전사라는 용어 역시 죽음이나 죽임과 같은 부정적 이미지를 떠올린다. 그러나 들뢰즈가 이야기하는 전쟁은 인간의 본질적 가치인 자유를 억압하는 일체의 법적 제도, 고정관념, 관습 등등에 대한 파괴를 의미한다.

생명의 본질을 자유와 창조성에서 찾고 있는 들뢰즈는 그러한 자유와 창조성을 억압하는 일체의 제도나 관념을 생명을 파괴하는 적으로 규정한다. 따라서 기존 진영(陣營)에 속한 사람들이 보기에 무기를 사용하는 자, 즉 전사(warrior)의 독창성과 기이한 성격은 기형적이고, 광기어린, 비합법적인, 그리고 강탈이나 죄악을 저지르는 반(反)사회적인 사람 등 부정적인 형태로 그려지지만 들뢰즈에게 전사는 자유를 위한 투사라고 할 수 있다.

4. 자동차의 표현체제

흔히 자동차를 사회적 신분의 상징이라고 말하는 경우가 있다. 그러나 이것은 자동차가 물리적 공간과 사회적 거리를 평준화시키는 큰 힘이라는 사실을 무시한 것이다. 사실 자동차는 부자와 가난한 자를 평준화시켰을 뿐 아니라 남성과 여성도 평준화시켰다. 오늘날 자동차를 적어도 기능면에서만 보자면 거의 모든 자동차가 평준화되었다. 뿐만 아니라 자동차는 세계 어느 지역에서나 거의 같은 뿐만 아니라 자동차는 자동차 이용자는 누구든지 평등하게 이용할 수 있는 고속도로와 휴양지를 만들어내었다. 이와 같은 자동차의 대중화, 표준화 경향은 미국식 생산시스템으로 불리는 포드자동차의 자동차 생산 메커니즘에서 두드러진다.

1900년대 초 생산된 포드자동차의 T 모델은 당시 자동차가 워낙 고가여서 일반 서민들은 자신이 평생 모은 돈을 모아도 살까 말까한 상황에서 파격적인 가격으로 자동차 대중화의 시대를 열었다. "당신의 발이 되어 주는 자동차"라는 광고 카피가 보여 주듯이 이제 자동차는 자신의 신분이나 부를 과시하는 상징적 존재가 아니라 현대인의 발과 같은 존재가 된 것이다. 다시 말해서 자동차는 발의 확장인 것이다. 따라서 발이 신체의 상징이 아닌 것처럼 자동차는 사회적 신분의 상징이 아니다. 사실 기술 발달의 역사를 살펴보면 사람들은 자신의 신분을 과시하기 위해 기술을 개발했다기보다는 치열한 경쟁체제에서 자신이 살아남고 나아가서 상대를 제압하기 위해 기술 개발에 몰두했다고 할 수 있다. 즉 기술은 본질적으로 무기적 성질을 갖는다고 할 수 있다.

들뢰즈는 상징 혹은 기호가 도구에 상응하는 표현체제라고 한다면, 무기에 상응하는 표현체제는 '보석'이라고 말한다. 도구는 기호와 본질적 관계를 갖는다. 왜냐하면 도구의 의미를 알고 노동 안에서 그것이 차지하고 있는 적절한 위상을 알기 위해서는 코드화되어 있는 기호를 해석하는 것이 중요하기 때문이다. 반면, 무기와 결부된 표현인 보석은 기호처럼 의미화하는 표현형식을 갖는 것이 아니라, 직접적인 감응(affection)을 표현할 뿐이라고 말한다. 중요한 것은 동작(예컨대, 180도 회전), 속도, 힘과 능력을 만들어내는 것이다. 여기서 기호가 있다면 그것은 명령하기 위해 의미를 전달하는 수단도 아니고, 지위나 역할을 표시하는 징표도 아니다. 그저 그것은 무기의 감응, 전사의 감응을 표현하는 수단일 뿐이다. 환언해서 보석이나 장식은 무기의 감응을 표시하는 표현적 특질을 갖는다.

물론 도구와 무기는 절대적 차이를 갖는 것은 아니다. 도구가 무기로 쓰일 수 있고, 역으로 무기가 도구로 쓰일 수도 있다. 엄밀히 말한다면 무기적 요소와 도구적 요소는 혼합되어 있다고 할 수 있다. 그러나 자동차의 속도가 가속할수록 자동차는 무기로 변해 간다. 자동차의 속도는 단순히 계량기 상에 나타나는 것만을 의미하지 않는다. 자동차에 IT기술이 접목되면서 각종 정보를 처리하는 속도가 빨라졌는데, 이러한 속도 또한 자동차를 무기화하는 요소이다. 현대인들은 각종 전자기기가 장착된 자동차를 무기로 삼고 다양한 전쟁을 치루며 살아가고 있다. 각종 무술에서 발차기의 속도를 익힘으로써 발이 중요한 무기가 되는 것처럼 발의 연장으로써 자동차 역시 속도를 얻으면서 무기가 되는 것이다(들뢰즈, 1987, p.395).

만약 이와 같이 자동차가 일종의 무기로서 인식되고, 그것이 마치 보석처럼 어떤 감응을 불러일으킨다면, 구체적으로 자동차가 불러일으키는 감응은 구체적으로 어떤 것일까? 그리고 그런 감응을 유발하는 구체적인 요소나 디자인은 어떤 것일까? 만약 우리가 자동차가 유발하는 감응의 목록을 만드는 것이 가능하다면, 우리는 기존의 자동차들을 기능이나 용도의 관점에서 범주화하는 것이 아니라 감응의 관점에서 범주화하는 것도 가능할 것이다. 뿐만 아니라 자동차 개발자의 입장에서는 그러한 감응의 목록을 고려하여 그러한 감응을 강밀하게 유발하는 방향으로 새로운 자동차를 개발할 수도 있을 것이다.

들뢰즈에 따르면, 감응은 감정이 그것의 원천인 어떤 인간 주체의 내부에서 떨어져 나와 순수한 외부의 환경으로 격렬하게 투사되는 어떤 사출력(catapulting force)을 의미하다. 예컨대 증오나 사랑은 감정이라기보다는 감응이라고 할 수 있는데, 감응은 마치 화살처럼 신체를 꿰뚫고 지나간다. 또한 감정이 언제나 대체되고, 지체되고, 저항하는 정서라고 한다면 감응은 적극적인 정서의 배출 즉, 역공격이라고 할 수 있다. 그래서 들뢰즈는 감정이 도구처럼 감각을 내부로 수용하는 것이라고 한다면 감응은 무기처럼 외부로 발사하는 것이라고 말한다(1987, p.400).

게다가 감응은 고정된 물체 사이에서 발생하는 것이 아니라 운동-물질, 에너지-물질, 흐름-물질의 관계에서 발생한다. 동양철학적 용어를 빌려서 말한다면 우주 만물을 구성하는 기본요소 물질의 근원인 기(氣)적인 존재 사이에서 발생하는 것이다. 일찍이 훗설(Husserl)은 계량적이고 형상적인 고정된 본질과 구별되는 것으로 질료적이고 모호한 본질(vague and material essence)이라고 말했거니와 들뢰즈는 이를 지성적인 형식적 본질, 형식화되고 지각된 감각적 사물성과 구별되는 물질성(coporeality)이라고 말했다. 이러한 물질성 사이에서 감응은 상태 변화로서의 극한화로 규정할 수 있다. 즉 가변적인 변용태(저항, 경도, 무게, 색체.....)의 방식으로 생산되는, 그리고 정도의 높고 낮음이 가능한 표현적이고 강밀한 질(expressive or intensive qualities)이다(1987, p.407).

자동차의 감응은 구체적으로 어떤 것일까? 우리는 자동차에 대한 운전자들의 표현에서 감응의 구체적인 내용을 엿볼 수 있다. 다음은 몇 가지 자동차 시승기의 사례이다. 여기서 운전자가 자동차를 운전할 때 느끼는 감정 상태를 표현하는 용어들에 대해 주목해 보자. 첫 번째 사례는 매일경제의 'MINI'에 대한 이성낙 전 가천의대 총장과 김현학 푸드스타일리스트의 대화를 기자가 취재한 뉴스(2012.4.9)의 일부분이다.

기자 = 미니의 외부 디자인과 인테리어는 정말 모두를 반하게 할 수밖에 없는 것 같아요. 하지만 `여자들이 타는 예쁜 차` 라는 편견이 무색할 정도로 사실 성능이 대단한 차이기도 한데요. 두 분은 어떠셨어요?

이 전 총장 = 내 생각보다 훨씬 좋아요. 이 작은 차가 스포츠카의 느낌을 주니…. 지면에 딱 붙어서 가는 그 느낌 말이에요. 1600 cc도 안되는 차가 시속 200 ㎞ 넘게 달려도 끄떡없으니, 차를 대체 얼마나 잘 만든 거예요. 거기다 제 차는 터보까지 달았으니 더하죠. 스포츠카의 기분을 느끼게 해주면서 순발력까지 뛰어나요.

김 푸드스타일리스트 = 맞아요. 신싸 웬만한 스포츠카 못지않죠. 밟는 대로 나가주잖아요. 사람들은 차가 너무 통통 튀어서 불편하지 않으냐고 하는데 그게 미니의 매력인 걸요. 사실 미니 차 가격이 싸진 않은데, 이 가격대에서 이 정도의 드라이브 재미를 주는 차도 별로 없는 것 같아요. 완전 매력 덩어리!

기자 = 김 푸드스타일리스트께서는 아까 식자재를 싣고 다닐 일이 많다고 했는데, 작은 미니가 불편하지 않은가요? 작은 건 사실이니까.

김 푸드스타일리스트 = 불편한 점이 전혀 없는 건 아니에요. 하지만 미니가 내 인생에 들어오면서 아이콘 같은 존재가 됐어요. 차는 이동 수단이고, 편안하면 좋겠지만 그런 기본적인 욕구를 뛰어넘어서 내가 즐길 수 있고, 이 차를 통해 내가 내 인생을 좀 더 색다르고 재미있게 연출할 수 있다면 그게 최고 아닐까요? 그래서 전 불편함을 못 느끼고 타고 있어요.

-- 이하 생략 --

두 번째 사례는 〈탑라이더〉의 전승용 기자의 레인지로버 이보크 시승기(2011, 11.29)의 일부분이다.

레인지로버 역사상 가장 작고 가벼운 이보크를 시승했다. 시승한 모델은 2.0 가솔린 3도어 쿠페 모델이다. 시동을 걸고 가속페달을 밟자 차체가 **조용하면서도 가볍게 반응을 했다.** 기본적인 성능에 모자람은 없지만 너무 정숙해서 오히려 심심함이 느껴질 정도다. 그러나 스포트 모드로 전환하자 사운드제너레이터에 의해 튜닝된 엔진음이 **기분 좋게 들려 심장이 콩닥콩닥 뛰었다. 발이 간질간질 하면서 가속페달을 더 강하게 밟고 싶은 욕심이 들었다.**

240마력을 발휘하는 2.0 가솔린 엔진의 성능도 뛰어나지만 차체가 워낙 넓고 낮고 가벼워서 치고 나가는 가속감이 뛰어났다. 2.2리터급 디젤 모델도 최고출력 190마력, 최대토크 42.8 kg·m의 동력 성능을 발휘한다. 디젤엔진 특유의 진동이 미세하게 느껴질 뿐 정숙성은 매우 좋다. 두 모델 모두 1750 rpm의 실용영역에서 최대토크를 발휘해 초반 성능에 모자람이 없다. 이보크는 터레인리스폰드시스템을 통해 주행 상황에 알맞게 서스펜션의 강성을 조절할 수 있다. 또, 고급 스포츠카에 사용되는 '매그니라이드 연속 가변 댐퍼 시스템'이 장착돼 **민감한 가속성**에 비해 고속 안정성도 탁월하다.

이보크는 전자식 스티어링휠 방식을 사용하는데 회전 후 약간의 유격이 느껴지는 점은 아쉬웠다. 스티어링휠 뒤에는 패들시프트가 장착됐다. 패들시프트를 작동하면 자동으로 수동변속으로 변해 스포티한 주행의 **재미**를 느낄 수 있다.

마지막으로 이 기사는 ‹아이뉴스24›의 정수남 기자가 폭스바겐 시로코 R-Line 시승기(2012, 3. 3)의 일부분이다.

지난 주말 폭스바겐 코리아가 이달 초 의욕적으로 출시한 정통 스포츠 쿠페 '시로코 R-Line'의 운전대를 잡았다.

시로코 R-Line은 세계적으로 마니아를 대거 확보하고 있으며, 스포츠 쿠페로 **강렬한 카리스마**를 자랑하는 차제 디자인은 **날렵하고 역동적인 스포티함**을 지녔다. 또 시로코 R-Line의 외관은 수평 라인이 두드러지는 고광택 블랙 라디에이터 그릴 크로스바와 1.8 m에 이르는 긴 루프에서 수직의 테일 게이트로 이어지는 특유의 실루엣과 **근육질 넘치는** 독특한 숄더 섹션으로 특징된다. 여기에 폭스바겐의 다른 모델들과는 달리 엔진 후드에 삽입된 폭스바겐 엠블럼과 19인치 루가노(Lugano) 알로이 휠 등이 **자신만만함**을 표출하고 있다.

시로코 R-Line에는 기존 시로코 디자인에 **다이내믹**하고 특별한 R-Line 패키지가 추가됐다. 전면부와 후면부에서는 고성능 버전인 시로코 R과 동일한 범퍼가 적용됐으며, 후면부 블랙 스모크 테일라이트와 블랙 그레인 디퓨저, 크롬 도금된 더블 배기 파이프 등 스포츠 쿠페로서 갖춰야 할 기본 사항을 두루 겸비했다. 도어를 열고 앉은 스포츠 버킷 시트는 낮았다. 시트 포지션은 스포츠카 시트처럼 낮게 위치해 있으나, 간단한 자동 조작 버튼으로 쉽게 포지션을 높일 수 있으며, **부드러움 보다는 밀착감**을 더 강조했다는 느낌이다.

시트에 앉아 일별한 인테리어는 블랙계열에 사이사이에 크롬 도금으로 **깔끔함과 고급스러움**을 살렸다는 것이다. 우선 도어 라인은 대시보드까지 이어지면서 앞유리 하단 부문에서 대시보드와 층을 이루면서 차체와 대시보드가 **분리된 느낌**을 들게 한다. 가속패달과 브레이크, 왼발을 올려 놓는 발판은 알류미늄으로 처리해 인테리어의 크롬 도금과 조화를 이룬다. 또 기어노브와 도어내캐치, 센터페시아의 4개의 송풍구, 센터페시아도 크롬 도금으로 주변을 감싸면서 **입체감**을 살렸다. 마찬가지로 계기판도 원과 사각형의 조화로 입체적인 디지털 계기판의 **멋**을 살렸으며, 도어 손잡이도 삼각형 디자인에 크롬 도금을 적용해 기하학적인 인테리어를 완성하고 있다.

천연가죽으로 감싼 스티어링 휠도 원을 탈피, 일부를 불규칙 곡선으로 처리하면서 역시 볼륨감을 더했다. 안전벨트도 일반 차량에서는 오른쪽 엉덩이 아래에 바클이 있어 벨트착용 시 어려움이 있었으나, 오른 허벅지 상단에 높이 솟아 탑승객이 쉽게 벨트를 착용하고 풀 수 있도록 배려했다. 모든 차량 조작 버튼도 전자동으로 조작이 쉽다. 시동을 걸자 차세대 커먼레일 디젤 직분사 2.0 TDI 엔진이 '그르렁' 거렸다. 신사 전시장에서 나와 올림픽대로를 올라탔다. 가속 패달을 밟자 시로코 R-Line의 '그르렁' 거리는 부밍음이 듣기 좋게 들렸다. 가속 패달은 빡빡한 느낌이지만 민감성이 탁월, 차량 통행이 많은 올림픽 대로를 빠르게 미끄러졌다. 경춘고속국도에 접어들자 시로코 R-Line의 폭발적인 퍼포먼스가 그대로 나타났다.

--- (중략) ----

이 모델의 엔진 소음도 중저속 구간보다 고속 구간에서 더 조용하게 들렸다. 강력한 퍼포먼스를 보여준 시로코 R-Line은 세종톨게이트에서 춘전고속국도를 빠져 나왔다. 한강을 낀 강변도로는 회전 구간이 많고 고속방지턱이 자주 나타났다. 시로코 R-Line이 스포츠 쿠페인 만큼 저중심 설계와 19인치 휠 등은 **지면을 움켜쥐고 달리는 짜릿한 주행성능**을 지녔다. 이 차량은 전자식 주행 안정화 컨트롤(ESC) 시스템 등 각종 주행 안정 성능을 겸비해 핸들링과 코너링은 고속국도에서의 고속과 강변도로의 중저속 구간에서도 탁월함을 보여줬다. 다만, 타이어 단면폭과 타이어의 측면 사이드월부의 높이 비율을 나타내는 편평비가 낮아 과속방지턱 등 불규칙한 노면에서 승차감은 온로드와는 다소 사이를 나타냈다. 이 차량의 제동력은 가속패달의 민감성 만큼이나 우수했으나, 룸미러와 백미러가 차량 사이즈에 맞춰 제작됐겠지만 상대적으로 작게 느껴져 **답답했다**.

김현탁 푸드스타일리스트는 MINI를 상찬하면서 차는 이동 수단이고, 편안하면 좋겠지만 그런 기본적인 욕구를 뛰어넘어서 내가 즐길 수 있고,

이 차를 통해 내가 내 인생을 좀 더 색다르고 재미있게 연출할 수 있다면 그게 최고가 아니겠느냐고 동의를 구하고 있다. 자동차의 안전성이나 성능과 같은 기능성은 이동 수단으로서 반드시 필요한 요소이지만 그것을 뛰어넘어 운전자에게 재미를 주고, 나아가서 운전자를 흥분시키는 자동차가 좋은 자동차가 아니겠냐는 것이다. 운전자는 자동차의 외관 디자인에서도 흥분을 느낄 수 있지만 시동을 켰을 때 몸으로 전해지는 엔진소리, 그리고 자동차의 바퀴가 굴러가면서 미끄러지는 이동성에서 묘한 전율을 느낀다.

감응의 최고조는 일체화라고 할 수 있다. 자동차가 운전자가 되고, 운전자가 자동차가 되는 것이다. 또 자동차가 도로가 되고, 도로가 자동차가 되어 운전자, 자동차, 도로가 식별불가능한 상태가 되었을 때, 감응은 최고조에 달한다. 우리는 자동차 광고의 카피 속에서 들뢰즈가 크리스탈 이미지라고 부른 감응의 초고조 형태를 엿 볼 수 있다.

최근 렉서스는 New GS 모델을 광고하면서 "나는 렉서스다"라는 카피를 선 보였다. 물론 이 표현 앞에 약간 작은 글씨로 "도로를 제압하며 샤프하게 감아도는"이란 표현을 제시해 여기서 "나는"이 운전자를 뜻하는 것이 아니라 광고에 실린 자동차임을 알 수 있게 했지만, 여기서 "나는" 운전자, 즉 이 자동차의 주인일 수도 있도록 중의적으로 사용하였다.

감응에 따라 자동차를 인식한다는 것은 어떤 함의를 갖는 것일까? 들뢰즈는 어떤 물체를 정의하는 방식은 두 가지로 정식화될 수 있다고 주장한다. 하나는 물체를 형식/형태(form)와 내용/기능(content)에 의해서 정의하는 방식이다. 질료형상모델(hylomorphic model)이라 불리는 이 방식에 따르면 물체는 고정된 본질을 지닌 것으로서, 개별적 차이를 넘어서는 보편적 동일성에 포함시켜 일반화함으로써 정의한다. 예컨대 질료형상모델은 말과 소를 속(genus)과 종(species)에 의해 구별하고, 말의 경우에

일하는 말이나 경주용 말을 똑같은 말로 본다. 그러나 감응에 따라 물체를 정의하게 되면, 일하는 말과 경주용 말 사이에는 소와 일하는 말 사이의 차이보다 더 큰 차이가 있다. 왜냐하면 경주용 말과 일하는 말은 다른 감응을 갖기 때문이다. 일하는 말은 오히려 소와 공통된 감응을 갖는다. 이런 이유로 들뢰즈는 말과 소를 구별하기 보다는 일하는 말을 경주용 말과 구별하고 일하는 말은 오히려 소와 유사하다고 본다.

감응의 관점에서 물체를 인식한다는 것은 물체를 그 물체가 사용되는 구체적인 삶의 맥락에서 인식한다는 것을 의미한다. 그것은 이 글의 모두에서 이야기했듯이 물체에 대한 인문학적 접근법의 핵심이다. 인문학적 접근이란 단순히 인간학적 접근만을 의미하지 않는다. 인간이란 주체를 먼저 상정해 버리면 인간의 주관적 관심이나 심리가 객관적 사물에 앞서는 것으로 해석되어 버리고, 그렇게 되면 신학적 입장에서 신이 세상을 창조한 주체라는 관점에서 신 대신에 인간이 세상을 창조한 주체의 자리에 서게 된다. 다시 한 번 강조하거니와 감응의 관점은 결코 인간중심적인 관점이 아니다. 그것은 인간을 포함한 세계가 일종의 생체에너지를 갖고 있는 생명체라는 관점에서 인간과 기계 그리고 자연이 궁극적으로 하나라는 범신론적 성격을 띤다.

이러한 범신론적 입장에서 자동차와 인간은 서로 공신화하는 관계여야 한다. 자동차기술의 발전이 인간의 생명력을 위축시키거나 인간의 진화가 자동차의 쇠퇴를 가져오는 관계로 발전해서는 안 된나. 반대로 자동치기술의 발전은 인간의 생명력을 신장시키는 방향으로 진화해야하고, 인간의 진화 방향 역시 자동차 기술의 발전을 촉발시켜는 방향이어야 한다. 그것은 궁극적으로 인간과 자동차, 그리고 도로의 일체화의 방향이면서 동시에 인간과 자동차, 그리고 도로의 개별화, 분화의 방향이어야 한다. 육상과 수상 모두에서 달릴 수 있는 자동차의 개발에 이어 하늘을 나는 자동차를 개발했다는 소식이 들린다. 또 운전자가 필요 없는 자동차도 개발되었다는 뉴스가 들린다. 자동차의 진화가 그리고 인간의 진화가 어떤 모습으로 전개될지 지켜보는 것은 흥미롭다.

참고문헌

1. 김태희·추금환 역(2007) 쿠르트 뫼저 지음, 『자동차의 역사』. 뿌리와 이파리.
2. 임정택 외(2008), 『바퀴와 속도의 문명사』, 연세대학교 출판부.
3. Deleuze, Gilles and Felix Guattari(1987). A Thousand Plateaus :capitalism and schizophrenia (B. Massumi. Trans.). Minneapolis : University of Minnesota Press..
4. Jared Diamond(1997). Guns, Germs, and Steel. W.W.Norton & Company. Inc.
5. Marshall McLuhan & Lewis H. Lapham (1994). Understanding Media: The extensions of man. MIT Press.
6. Paul Virilio(1977). Speed and Politics. SEMIOTEXT(S) FOREIGN AGENTS SERIES.
7. Ong Walter J.(1982). Orality and Literacy. Routledge.

4
CHAPTER

자동차 이름은 어떻게 정하는가?

1. 이름 짓기의 특징

우리는 자신이 속한 외부 세계를 이해하기 위해서는 모든 사물에 그들 고유의 이름이 있음을 아는 것에서부터 시작한다. 사물에 이름이 있음을 알게 되면서 사물과 사물에 대한 구별이 가능해지고, 나아가 각 사물이 지닌 고유한 속성을 찾아내 다른 사물과의 차이를 이해하면서 자신의 어휘망을 확장해 간다. 사물에 이름을 부여하는 방법은 나라마다 조금씩 차이가 있겠지만 대부분 고유한 사물에 대한 명명(naming)의 방식은 우선 사물에 대한 특징을 잘 파악하고 그 중 어떤 특징을 특별히 강조할 필요가 있거나 또는 기존에 그와 유사한 사물이 있을 경우 그러한 특징을 새로운 이름에 반영하게 된다.

사물의 이름을 어떠한 방식을 부여하는가에 따라 언어에 반영된 각 민족의 새로운 사물에 대한 인지방법과 의식구조 등을 짐작할 수 있다. 식물이나 동물의 이름을 비교해 보면 이러한 특성이 살 파악된다. 우리들은 낯선 사물을 보게 되면 자신이 이미 알고 있는 지식 체계의 어느 범주에 그것을 포함할 것인가 하는 생각을 하게 된다.

어떤 사물을 같은 부류로 묶을 것인가 아니면 새로운 부류를 생성할 것인가에 따라 사고의 영역이 달라진다. 이렇게 우리는 범주화를 통해 사물을 설명할 수 있는 지표를 설정하고, 단순화하여 기억 부담량을 줄여나가는 인지과정을 거쳐 세상에 대한 지식을 익힌다. 그러므로 이름에는 사물의 식별 기능과 그 사물과의 유사 사물과의 범주화가 가능하도록 이름을 짓게 된다. 새로운 사물이 명칭을 가진다는 것은 어떤 개념을 나타내는 같은 부류의 어휘들과의 관계를 나타냄과 동시에 차이를 구별해주는 기능을 함께 가짐을 의미한다. 새로운 자동차가 개발되면 자동차 회사는 그 자동차의 특성이 가장 잘 드러나는 멋진 이름을 부여하는 것에서 마케팅이 시작된다.

그러면 한국에 자동차가 들어 온지 100년이 지난 지금 우리나라 자동차 이름의 변천과정을 살펴보고 우리가 어떠한 이름을 선호하는지를 살펴보기로 하자.

2. 자동차 이름에 숨은 의미

자동차는 과학기술의 발달과 변화를 나타내는 척도가 되기 때문에 더 좋은 성능과 아름다운 디자인의 자동차를 만들기 위해 기술자와 디자이너는 고민을 하게 된다. 새로운 신차가 개발될 때마다 소비자들은 자동차 디자인과 성능과 이름에 대한 호기심을 숨기지 않는다. 자동차 이름은 자동차라는 상품의 정체성을 나타내고 다른 차들과의 구별을 위한 것이다.

자동차에 이름을 부여하게 되면 그 자동차는 고유한 성격을 가지게 되고 어떤 경우는 오래도록 기억되는 개성을 가지게 될 수도 있다. 1940년대부터 생산된 한국 자동차의 이름을 살펴보면 한자어로 '첫 출발'이라는 의미를 지닌 '始發(Shival)'을 시작으로 '맵시(Maepsy)와 같이 우리말이 쓰인 경우와 트럭 '야무진(Yamuzine)'과 같이 'Yes, Mount the Zone of Images'의 머리글 조합과 발음의 편의를 위해 만들어진 조어 방법을 사용하여 우리말과 같은 어감을 가지도록 명명한 경우도 있다.

그러나 대부분의 자동차 이름은 로마자로 지어졌으며 일반 사물처럼 범주화가 가능한 이름 군으로 지어진 것은 아니었다. 자동차의 이러한 명명의 방식에는 사물들에게 부여하는 상위 범주에 대한 분류기준을 적용한 것이 아니라[67], 자동차 회사가 자사의 판매 전략에 유리한 이미지를 얻고

67) 한국해군 함정의 경우는 배의 기능과 톤수를 고려한 체계적인 분류기준에 의해 명명을 하고 있다. 해군의 함정 명칭 제정 원칙이 정해져 있고 '부대 명칭 제정 규정'에 따라 진수식 때 해군참모총장이 선포함으로써 공식화된다. 잠수함의 경우는 역사에서 바다에서 큰 공을 세운 사람의 이름을, 구축함의 경우는 국민적 영웅의 이름을 붙이고, 호위함은 도와 광역시, 도청 소재지 등의 이름을 명명하는 위계를 세우고 있어 이

〈그림 4-1〉 시발택시

〈그림 4-2〉 맵시

자 하는 의도가 우선되었다. 그래서 자동차 생산자는 소비자가 자동차를 구매하게 되면 소비자가 얻게 될 기대치를 광고에 담아 홍보하고 상품의 이름에 그러한 내용을 반영하는 경우가 많다. 제품을 개발하고 그에 적합

름만 들어도 어느 정도 규모의 배인지 알 수 있게 되어 있다.

한 이름을 짓는 가장 궁극적인 목표는 소비자로 하여금 그 제품을 인식하게 하고 제품의 구매 의욕을 불러일으키는 데 있다.

정경일(2008)에 의하면 소비자의 기억 속에 저장된 제품에 대한 정보는 재인과 회상을 통해 구매행동으로 이어진다고 했다.[68] 소비자의 구매행동을 분석하면 제품 이름의 사전적 의미나 어휘적 의미보다 제품의 이름에 관한 자신의 경험을 바탕으로 이루어지는 경우가 많다고 했다. 예를 들어, 가격과 제품의 질에 있어서 동일한 제품군이 있을 경우 소비자는 자신이 이미 인지하고 있는 이름의 제품을 선택한다는 것이다. 그래서 기업들은 제품의 홍보에 막대한 비용을 치루면서 상품의 인지적 가치를 높이려고 노력한다.

인지과학은 인간의 마음이 어떻게 작용하는지에 대한 연구이다. 인간의 마음이 어떻게 감각을 통해 외부로부터 정보를 받고 자신이 지각하는 것을 인식하는지를 연구한다. 그리고 자신이 받은 정보를 이전 데이터와 비교하고 분류하여 자신의 기억 속에 저장하면서 이 정보를 어떻게 처리하는가를 연구한다. 이렇게 인지과학은 많은 정보가 우리의 마음속에서 구조화되는 복잡한 방식을 설명해 주는데 사물을 분류하고 범주를 형성하는 정신적 활동을 범주화(categorization)라고 한다. 범주화한다는 것은 그것을 어떤 종류의 것으로 지각한다는 것을 의미한다. 새로 출시된 자동차를 본다면 우리는 그것을 어떤 종류의 '자동차'인지를 변별하려는 인지 작용을 거쳐 그 자동차가 속한 부류의 '자동차'군의 사물로 범주화할 것이다. 이러한 인지적 과정을 잘 이해한다면 자동차의 명명에 있어 크기나 디자인, 기능에 따른 변별적 이름이 부여되기를 바라는데 현재 우리나라 자동

68) 재인(recognition)이 소비자의 기억 속에 제품에 관한 정보의 유무를 확인하는 것이라면 회상(recall)은 기억 속에 이미 존재하는 제품의 정보를 밖으로 끌어내는 능력을 말한다. 제품의 이름을 제시하여 기억하고 있는 제품의 이름을 측정하는 방식은 재인이고, 하나의 제품을 제시하고 그 제품을 보고 생각나는 상표명을 쓰게 하는 방식은 회상이다.

〈그림 4-3〉 야무진

차 이름 부여 방식은 그러한 기준보다는 이미지의 의존하는 경향이 많다. 그러나 최근 자동차 생산국에 진입한 중국의 경우는 우리나라와는 달리 명명의 방식을 배기량 혹은 마력을 기준으로 어느 정도 범주화하고 있다.

제품의 이름은 제품 자체에 정체성과 가치를 부여하는 동시에 그 제품의 소비자에게는 사회적인 의미와 가치를 부여하고 나아가 소비 시장에서 한 기업의 운명을 결정하는 중요한 역할을 한다. 그래서 모든 기업이 마케팅 전략으로서 제품의 명명방식을 중요하게 여긴다. 제품을 생산하는 회사 입장에서는 소비자로 하여금 기억 속에 오래 각인 될 제품의 이름을·짓기 위해 소비자의 개인적인 경험을 바탕으로 하여 보편성을 지니도록 사회문화적인 공통점이 잘 드러나게 하는 것을 전제로 명명이 이루어진다.

국내에서 생산되는 자동차 이름의 대부분이 외국어이다. 1990년 중반 이후 출시된 차량 중에서 대우 자동차의 '누비라'와 쌍용 자동차의 '무쏘', 트럭 '야무진'을 제외하고는 모두 외국어이다. 그리고는 2000년 이후부터 생산되는 국내 자동차 이름 중 고유어는 거의 찾아 볼 수가 없다. 양창용(2005)은 자동차 이름에 외래어를 즐겨 사용하는 이유를 "외래어가 갖고 있는 문화적인 동기, 기원 등의 언어내적인 요소를 통한 기대효과"라고 하였다. 외래어 자체의 의미를 그대로 전달함으로 광고와 구매의 효과를 기대한다는 것이다. 또한 정경일(2008)에서도 새로운 문화가 유입되면 그것은 기존의 문화보다 우수하거나 신선한 것으로 인식되고 따라서 제품의 이름을 지을 때도 이러한 것이 반영되어 고유어나 한자어보다는 외래어의 표기가 많이 나타난다고 하였다. 윤사연(2012;55)에서는 '한일 자동차 브랜드 명 비교분석'에서 자동차가 서구에서 들어왔기 때문에 그 제품을 소개하기 위한 브랜드 명이 외국어로 만들어지기 쉽다고 하고 자동차가 외국의 고급 자동차와 연결되어 연상되기 때문에 한국과 일본에서 만들어지는 차도 로마자로 표기 하여 소비자에게는 제조국에 대한 연상과 함께 고급성, 우수성이 부가되어 긍정적인 이미지 전달이 가능하기 때문에 외국어를 선호한다고 하고 제품 평가에 미치는 효과도 달라진다고 보았다.

대다수의 소비자들은 제품 이름이 지시하는 의미가 직접적이고 구체적인 것보다 간접적이고 추상적인 것에 관심을 보이며 그것이 더 고급스럽다고 인식하기 때문에 제품의 이름에 이러한 점을 반영하는 것이다. 특히 자동차는 사물이 가진 도구성보다 그것을 소유한 사람의 사회적인 지위나 신분 등을 나타내는 수단으로 인식하는 경향이 많다. 그래서 자동차 이름에 사용하는 외래어는 그것들이 외국에서 들어왔기 때문에 외국을 선망하는 소비자들의 심리와 대중적이지 않은 것이 더 고급스럽고 세련된 것이라는 사회적 인지 체계를 반영한 것이라 하겠다. 강준만(2006)은 자동차가 한국인의 국가 사회정체성에 끼친 영향을 분석하면서 한국에서 자동차는 근대화의 상징이며, 또한 자동차 생산국이라는 국가적 자부심으로서의 상징을 가지며, 대다수 국민이 자가용을 가지게 되는 시점과 맞물려 자동차 여행을 통한 국토재발견의 수단이 되었다고 했다.

그러나 무엇보다 가장 큰 영향은 자동차를 통한 공동체 의식의 재편성 기제로 작동했다고 보고 자동차가 끼친 가장 강력한 기능이 '지위 구별짓기' 수단이라고 분석하였다. 이러한 속성이 자동차 이름에도 그대로 반영되어있다고 본다. 자동차는 인간 거주의 한계를 극복하게 한 도구로 '이동'과 '속도'가 우선시 되는 사물이다. 이러한 본래적 기능에 충실하다면 자동차 이름에 이동이 가능한 동물의 이름이나 빠른 속도를 나타내는 이름들이 명명됨 직한데 우리나라 자동차의 이름들은 동물이나 빠르기를 나타내는 이름보다 높은 신분을 드러내는 이름이 많았다.

'CROWN, PRINCE, DYNASTY'등과 같이 높은 신분이나 직위를 나타내는 것과 'PONY, MUSSO, GALLOPER'등과 같이 동물 이름을 통해 크기의 귀여움, 강인함, 속도나 질주 본능의 의미를 나타내는 것도 있다. 'EXCEL, STELLAR, OPTIMA, SHUMA'등과 같이 자동차 성능의 우수함을 나타내는 것도 있다. 또한 'VERNA, ELANTRA'와 같이 열정이나 진취성을 의미하는 자동차 이름과, 'REZZO, SPORTAGE'와 같이 휴식이나 레저의 의미를 나타내는 자동차 이름들도 있다.

김종도(2003:67)에서는 Langacker(1991:170-172)의 설명을 통해 범주화 동기를 정교화와 확대로 보고 이를 '참조점 모형'으로 보았다. 자동차 이름에 투영된 사람들의 심리적 태도를 이 모형으로 쉽게 설명 될 수 있다. 자동차 구매자 혹은 관찰자는 어떤 대상인 참조점을 기준으로 참조점 내에 있는 다른 개체와 심리적 접촉을 가지게 하여 성공적으로 감정 이입의 단계에 이르게 된다. 자동차 회사는 새로운 자동차가 개발되면 그 자동차의 속성과 영향권을 설명하기 위해 귀족이나 왕들의 신분을 나타내는 현저성이 높은 사물들의 집합이나 특권을 참조점으로 하여 자사 상품의 현저성을 드러내기 위해 이름에 그러한 고귀한 신분이 사용하는 차 혹은 구매자가 자동차를 구매함에 따라 얻게 되는 부가적 가치를 초점으로 자동차 명명에 은유적 기법을 동원한 것이다.

최근 자동차 회사들이 자동차 이름에 선호하는 것으로 알파뉴메릭(alphanumeric)방식이 있다. 이것은 알파벳과 숫자를 조합하여 무의미한 식별 기호를 생성하여 소비자로 하여금 궁금증을 가지게 하여 인지도를 모으는 방식의 이름짓기 방식이다. 이러한 방식이 선호되는 이유는 기아자동차의 경우, 프라이드나 로체 등의 이름이 이미 다른 나라에서 상표등록이 되어있어 수출에 어려움이 따르고 또한 이미 생산된 자동차에 새로운 이름을 부여하기에는 비용이 발생하기 때문에 기아의 이미지를 잘 표현하고 소비자의 인지도를 높이기 위해 뉴로마케팅 전략을 세운 것이다.[69] 외국 자동차 회사의 BMW320i, 530d, Z5, 벤츠의 M, SLK, 등도 이런 방식으로 만들어진 이름이다. 이러한 방식은 첫째, 소비자가 기억하기 쉽고 각 브랜드의 통일성을 유지하기 쉽다는 장점이 있다. 둘째, 글로벌 시대에 이런 방식의 이름은 간단하고 누구나 알아보기 쉬운 방식의 이름이고, 또한 나라별로 기피하는 의미가 생기는 염려가 없어 편리하다. 셋째, 회사 브랜드 이미지제고에 도움이 된다고 생각하여 나라마다 이러한 이름짓기 방식이 선호되고 있다.

69) 뉴로마케팅이란 뇌과학과 마케팅의 혼합으로 카이스트의 정재승교수는 소비자에게 가장 긍정적인 뇌반응을 유도하는 이름을 찾는 아이 트랙킹 (eye tracking)실험을 통해 기아자동차의 스타일 , 브랜드지향점, 컨셉을 나타내는 알파벳과 숫자의 조합을 찾아 K와 7을 찾아 추천하였다고 한다.

3. 한중일 자동차 이름 짓기의 특성

1) 한국 자동차 이름의 특성

한국에 자동차가 들어 온 기록은 이민원(2001:76)에 의하면 1900년 9월30일 경인 철도 회사의 주선에 의해 승용차가 들어 왔으나, 1905년 덕수궁에 불이 나 처음 들어 온 자동차는 전소되었고, 이후 1911년 이왕직과 총독부에서 미국산 포드 승용차를 구입하여 고종이 탔다는 기록과 순종은 미국산 캐딜락을 탄 것으로 되어 있다. 당시 특수층의 사람들만 영업용 승용차를 이용하였고 대다수 상류층은 인력거를 탔으며 대부분의 사람들은 전차를 탄 것으로 되어 있다[70]. 신분에 따른 탈 것의 계급화가 오랫동안 유지 되어 온 탓에 한국의 자동차 이름에는 신분 상승에 대한 욕구가 반영되어 왕이나 귀족을 지칭하는 이름이 많은 것이 아닌가 생각한다.

자동차의 이름에는 그 시대의 선호되는 이름들이 반영되기 때문에 사회상을 읽을 수 있다. 1940년대 생산된 한국 자동차의 이름에는 한자어로 '첫 출발'이라는 의미를 지닌 '始發(Shival)'을 시작으로 '맵시(Maepsy), 누비라(Nubiraa)'와 같이 자동차 이름에 순수 우리말이 쓰인 경우와 'Corona, Fiat124'등과 같이 기술을 제휴하여 외국자동차

70) 1911년 고종이 타던 영국 다임러사의 로얄 리무진은 현재 고궁 박물관에 보관되어 있으며 전세계에 유일하게 원형이 보존 되어있는 자동차인데 고종이 거의 타지 않아 현재도 수리하면 탈 수 있을 정도라고 한다.

이름을 그대로 사용한 이름도 있다.

또한 'Prince, Click'과 같이 영어 이름이 쓰인 경우와 'Brisa, Espero'등과 같이 라틴어, 불어, 스페인어를 비롯한 로망스(Romance) 계통의 이름이 붙여진 자동차도 있다. 'Presto, Sonata' 등과 같은 음악 관련 용어가 쓰인 경우도 있으며, 'Publica, Korando, Scoupe' 등과 같이 단어와 단어를 조합하여 합성한 이름도 있다.

윤사연(2012;55-56)에서는 한국 자동차 브랜드명의 문자별 표기 방식에 대한 연구를 통해 총 165개 자동차 이름 중 한글은 14개(8.5%)이고 로마자 이름이 151개 (91.5%)라는 분석을 하였다. 자동차의 이름의 구성 방식을 한자어 이름, 순 한국어 이름, 제휴된 이름, 영어 이름, 로망스 계통의 이름, 음악 용어, 합성어 이름 등으로 나누어 정리하면 〈표 4-1〉과 같다.

〈표 4-1〉을 보면 자동차의 이름은 모두 로마자 표기이고 영어나 로망스 계열의 외래어로 구성되어 있다. 이는 "긍정적인 이미지를 제품에 전이시켜 부가가치를 높이기 위함이다. 동시에, 외래어는 자주 사용되지 않는 문자와 마찬가지로 그 희소성 때문에 사람들의 주의를 끄는 장점이 있다"고 하면서 외국어 사용의 빈도가 높은 이유를 설명하고 있다. (이현우 1998: 123 재인용). 머릿글자를 이용한 혼성어가 많은 것도 단어와 단어를 합성하여 새로운 의미를 생산하거나 파생되는 의미를 이용하여 자동차의 새로운 상품성과 상품에 내한 호기심을 불러일으키려는 전략이다.

또한 수출을 전제로 자동차를 생산하는 경우는 외국에서 혐오하는 이름이나 그 나라의 발음으로 좋지 않은 어감을 가지는 경우 또는 이미 상표 등록이 되어서 사용할 수 없는 경우는 이름을 달리 하여 수출한다.

〈표 4-1〉 자동차 이름의 구성에 따른 분류

분류					
한자어		Shival(1955)	Shinsungho(1963)		
한국어		Maepsy(1982)	Nubira(1997)	Musso(1993)	
제휴 도입		Corona(1966)	Crown(1967)	Fiat124(1970)	Peugeot(1979)
영어		Pony(1975)	Gemini(1977)	Royale(1980)	Excel(1985)
		Prince(1986)	Grandeur(1986)	Pride(1986)	Concord(1987)
		Capital(1989)	Galloper(1991)	Potentia(1992)	Towner(1992)
		Accent(1994)	Dynasty(1996)	Spectra(2000	Optima(2000)
		Click(2002)	Chairman(1997)		
로망스계열	라틴·그리스어	Brisa(1974)	Stellar(1983)	Arcadia(1994)	Cielo(1994),
		Credos(1995)	Tiburon(1996)	Magnus(1999)	Carnival(2001),
		Lacetti(2002)	Kalos(2002)	Cerato(2003)	
	불어	Elan(1996)	Trajet(1999)		
	스페인어	Espero(1990)	Damas(1991)	Avante(1994)	Rio(1999)
		Matiz(2000			
	이탈리아어	Maica(1995)	Verna(1999)	Rezzo(2000)	Lavita(2001)
음악 관련		Presto(1985),	Sonata(1985),	Marcia(1995)	Visto(1999)
혼성어	단어 합성	Publica(1967)	Korando(1988)	Scoupe(1990)	Elantra(1990)
		Sportage(1993)	Nexia(1994)	Avella(1994)	Lanos(1996)
		Starex(1997)	Carstar(1999)	Carens(1999)	Terracan(2001)
		Rexton(2001)			
	약어	Tico(1991)	Sephia(1992)	Santamo(1995)	
도시명		Granda(1978)	Cortina(1968)	Lemans(1986)	Santafe(2000)
		Tuscani(2001)			
기타 언어		Istana(1995)- 말레이어			

〈표 4-2〉를 보면 내수용 자동차와 수출용 자동차의 이름이 다른 것은 유사한 발음으로 인한 부정적인 의미를 주는 것을 피하기 위해서이다. 현대자동차의 카니발의 경우 영어 'Carnival'이 'Cannibalism'이라는 인육을 먹는 식인풍습과 발음이 비슷하여 미국 고급 휴양지인 'Sedona'로 교체되었다. 'Tuscani'의 경우는 남아메리카에서 사용되는 욕설과 비슷한 발음이어서 'Coupe'라는 이름으로 바뀌었다고 한다.

현지에서 좋은 반응을 얻었던 이전 모델의 차명을 그대로 유지하기 위한 이유도 있다. 'Lotze'와 'K5'를 'Optima'로 수출하고 있으며, 'Verna'를 'Accent'로, 'Avante'를 'Elantra'로 수출하고 있다. 이것은 모두 현지에서 이전 모델의 이름이 선호되고 있기 때문이다. GM대우의 국내용 'Matiz'와 'Tosca' 등은 각각 시보레 차명인 'Spark'와 'Epica'로 수출하고 있다. 현대 자동차의 'Grandeur'의 경우는 'Azera'로 개명되어 수출되었다. 최근 기아의 K9의 경우는 그 이름이 'Cainine'으로 발음되면 '개'라는 속어가 되기 때문에 자동차 이름의 경우는 의미와 발음의 문제를 고려하여 명명해야 한다.

〈표 4-2〉 내수용과 수출용 자동차 이름의 비교

회사	내수용 자동차 이름-수출용 자동차 이름
현대	Verna -Accent, Avante-Elantra-위에둥(說動), Granduer-Azera, Tuscani(Coupe)/ Tiburon, Click-GetZ, Lavita-Matrix, Sonata-링샹(領翔)
기아	Morning-Picanto, Cerato-Spectra, Canival-Sedona-지아화(嘉華) Lotze/K5-Optima/Magentis, Opirus-Amanti, Mohave-Borrego
GM대우	Matiz-Spark, Gentra-Aveo, Lacetti-Forenza, Tosca-Epica, Winstorm-Captiva

중국으로 수출하는 자동차의 경우는 그 인지도를 높이기 위해 현지인들에게 친숙한 언어를 사용하였다. 'Sonata'는 '과학과 기술을 선도하고 자유롭게 비상하는 진취적인 인생'이라는 뜻을 가진 '링샹(領翔)'으로, 'Avante'는 '위에둥(說動)'으로 바뀌었는데 이것은 '진취적이고 즐거운 인생'이라는 뜻을 담고 있다. 또한 '아름답고 화려함'을 의미하는 '지아화(嘉華)'는 'Canival'의 중국 진출명이다.[71] 중국에서 팔리는 한국브랜드의 자동차 중에 북경현대에서 생산하는 중국전용 차종들은 EF쏘나타는 'Monica'라는 여성적 이름으로 생산되고 있다.

한국 자동차 이름에 나타난 의미는 대형차의 경우 '신분이나 지위의 높음'을 나타내는 것이 많다. 'Dynasty'의 경우 왕조의 전통과 권위를 나타내고, 이는 왕이 타고 다닐 만한 고급스러운 이미지를 나타내며. 'Equus'는 '개선장군이 타는 말'로 심리적으로 자신의 신분이 높고 고귀함을 나타내는 명명방식을 취하고 있다. '자동차의 크기'를 나타내는 'Grandeur'의 경우 그 자동차에 부여된 이미지는 '웅장함, 장엄함'이라는 의미를 부여하였으며, 'Granda'의 경우 스페인 도시 이름을 통해 '한 나라가 가지고 있는 국력이나 정복'에 대한 이미지를 나타내려고 하였다. 이와 같이 특정 도시이름이 자동차 명명으로 사용된 사례가 한국 차의 경우 많은 것은 서양 문명에 대한 동경이 반영된 것이라고 해석된다.

중형차의 경우 자동차의 배기량에 따라 중형차와 준중형차로 구분된다[72]. 중형차나 준중형차의 경우 'Stellar, Optima, Shuma, Cerato' 등과 같이 자동차의 성능과 관련된 의미를 나타내는 이름이 많다. 중

---

71) http://www.fun.co.kr/CONTENT.ASP?AID=61838E24B4424BC601C82208F2143083 참조.

72) 한국은 자동차 관리법 2조에 근거 배기량기준으로 1000cc 미만이면 경차로, 1600cc미만을 소형차로, 2000cc 미만을 중형차로 분류하며 2000cc 이상을 대형차로 분류하고 있다. 그에 반해 중국은 마력으로 자동차를 분류한다.

형차 'Optima'는 최적, 최상이라는 의미로 '뛰어난 기능을 발휘하는 차'라는 이미지를 나타내고, 준중형차 'Shuma'는 최고, 가장 중요한 것이라는 'Summa'의 조어로 '자동차 성능의 뛰어남'을 의미하고 있다. 또한 '조화, 화합, 일치'를 나타내는 'Concord'처럼 '기술, 감각, 정신의 조화'를 나타내고 있는 경우도 있다.

준중형차의 경우 중형차에서 볼 수 없는 열정이나 진취성의 의미를 나타내는 이름도 보인다. 'Elantra'의 경우 'Elan(열정)+tra (Transportation)' 의 합성어로 자동차의 '열정, 인간, 존중'의 의미를 나타내고 있다. 'Nubira'는 순 한국어로 명명된 이름으로 '전 세계를 누비다'는 의미를 통해 자동차를 타는 사람의 열정을 나타내고 있다.

소형차의 경우 열정이나 활력에 대한 이미지가 많다. 이것은 'Verna, Rio, Accent'를 통해 볼 수 있다. 가령, 'Verna'는 이탈리아어로 청춘, 열정의 뜻의 파생어로 이름을 통해 자동차를 운전하는 사람들의 열정이나 활력을 나타낸다. 또한 자연의 이미지를 가져와 자연스러움을 나타내는 경우도 있었는데, 'Brisa, Cielo'가 바로 그것이다. 스페인어로 하늘을 나타내는 'Cielo'는 '하늘처럼 넓고 푸른 꿈과 야망을 지닌 현대인에게 즐거움을 주는 차'라는 이미지를 나타내고 있다. 또한 자동차의 크기를 나타내는 'Pony'도 있다. 조랑말을 나타내는 'Pony'를 통해 자동차의 작고 귀여움, 그리고 말의 질주 본능도 아울러 나타내고 있다.

경차의 경우는 대중적이고 작고 귀여움을 강조하는 이름이 많다. 신진 자동차의 'Publica'는 'public+car'의 합성으로 대중적 차라는 의미이고 'Tico' 역시 'Tiny+ Tight+ Convenient+ Cozy'라는 의미의 조합으로 만들어진 이름이다.

〈표 4-3〉 한국 자동차 이름의 내포적 의미

자동차 배기량 기준	자동차 이름	내포적 의미
대형차	Granda, Dynasty, Equus, Grandeur(H) Potentia, Opirus, K5, K7, K9 (K) Arcadia (D), Chairman, (Ss), SM5(Rs)	〈높은 신분이나 고귀한 지위〉 웅장한 크기나 왕조의 전통 강조 개선 장군의 말 혹은 마차 상징
중형차	Record(Sh), Cortina, Stellar, Sonata, Marica,(H), Credos, Optima,(K) Magnus(D), Capital, Shuma, Sephia, Lacetti, Spectra, Cerato(K), Elantra, Nubira, Avante, i30(H), Espero(D), SM3(Rs)	〈우수한 성능과 성공〉 최적의 성능, 신뢰감과 품격 열정, 진취적 희망, 별, 행진곡, 피아노 독주곡, 전진, 기대
소형차	Corona(Sh), Excel, Presto, Verna, Accent, Click, Pony, Tiburon(H), Kalos, Nexia, Lanos, Cielo(D), Avella Rio, Brisa, Pride (K)	〈속도와 열정〉 활력, 작고 아름다움, 즐거움 역동적인, 조랑말, 상어, 음악 용어 빠르게, 산들바람, 자랑거리
경차	Publica,(Sh) Tico(D), Visto(K), Morning(K), Atoz(H), Matiz(D)	〈 크기가 작고 귀여움〉 대중적이고 귀여움을 강조
SUV	Carstar, Musso, Rexton(Ss), Sportage, Carens, Carnival,(K), Galloper, Santafe, Lavita, Terracan, Trajet (H) QM(Rs)	〈 강한 힘과 삶의 즐거움〉 으뜸이거나 최고, 힘과 강함을 강조, 레저와 여행을 주제로 한 이름

Sh-신진 자동차, Ss-쌍용자동차, H-현대자동차 , D-대우자동차(GM), K- 기아자동차, Rs-르노 삼성 자동차의 약어

Matiz도 스페인어에서 가져와 깜찍하고 빈틈없는 차라는 이미지를 구현하고 있으며, Atoz는 알파벳 A에서 Z까지, Visto는 젊은 세대의 스피드감과 활동성, 밝음을 표현하고자 했다.

SUV 차량은 자동차의 안락함이나, 레저와 관련된 의미가 주를 이룬다. ‘Sportage'는 Sports(레저)+Portage(운반)의 합성어로 ‘레저와 업무를 동시에 만족시키는 새로운 감각의 차’라는 이미지를 나타내고

있다. 'Santafe'의 경우 미국 뉴멕시코의 도시 이름으로 휴식 레저를 상징하고, '일상에서 벗어나 여유와 자유를 추구하다'는 의미를 나타내고 있다.

'Rexton, Terracan'등은 대형차와 마찬가지로 신분의 높음을 나타내는 이름도 있으며, 순 한국어 이름인 'Musso'는 코뿔소의 강인함을 강조하여 힘이 좋은 자동차라는 이미지를 함축하고 있다. 한국 자동차에 숨은 의미를 정리하면 〈표 4-3〉과 같다.

2) 중국 자동차 이름

1958년 2월이 중국의 자동차의 역사가 출발한 시기이다. 당시 베이징 시장이었던 펑쩐(彭眞)의 지원으로 북경의 제일기차(第一汽車)는 외국 자동차를 모방해 국산차 개발에 나선 것이 최초이다. 그 때 모방 대상이 된 것은 독일 폭스바겐의 비틀로 독일처럼 소형 자동차를 만들어 서민대중을 위한 저렴하고 성능 좋은 소형차를 개발하려던 의지가 반영된 것이었다.

당시 제일 자동차의 국산차 개발은 자동차를 만들 수 있는 기술의 축적이 있었기에 가능했다기보다 중국도 자동차를 만들어 국민들에게 보급할 수 있다는 정치 선전적인 의도가 숨어 있었다. 최초의 국산차는 '징깡산(井岡山)'[73]으로 명명됐다. 그러나 중국의 자동차 '징깡산'은 당시 일반인이 사기에는 가격이 비싼 사치품이었으며 공무용으로 사용하기에는 크기가 너무 작았기 때문에 154대 생산에 그치고 말았다.[74]홍치(紅旗), 똥펑(東風)처럼 오늘날에도 명맥을 유지하고 있는 중

73) 井岡山은 후난성과 장시성 경계에 있는 공산혁명의 성지중 하나이다.
74) 박상후, 13억과의 대화 http://imnews.imbc.com/mpeople/rptcolumn/rptcol13/index.html 참조

국 토종브랜드를 비롯해 앞서 언급한 징깡산(井岡山)과 펑황(鳳凰)등은 생산이 오래가지 못했으나 중국에도 자국의 브랜드로 자동차가 생산되기도 했음을 알 수 있는 부분이다. 중국에 진출한 외국 자동차 회사의 이름은 영어로 표기 되는 것이 아니라 원래의 이름과는 전혀 다른 이름으로 불린다. 독일의 Volks Wagen은 大衆(중국발음은 다종)이라고 하여 대중들에게 인지도를 높이려는 의도가 이름에 나타나 있다. 이처럼 중국어 브랜드를 사용하는 이유는 발음과 의미를 소비자에게 영어로 이해하기가 어렵기 때문이라고 한다.

체리자동차[75]는 경차 QQ,와 똥팡즈즈(東方之子)등은 토종 자동차 기업으로 외자 합자기업인 상하이-GM(上海通用)이나 상하이-폭스바겐(上海大衆), 이치-폭스바겐(一汽大衆), 이치-토요타(一汽豊田) 등에 비해 품질이나 디자인 면에서 경쟁력을 가지기 힘들지만, 가격 면에서의 중국 시장 점유율이 높은 자동차이다. 북경 자동차는 미국의 Jeep, 한국의 현대, 독일의 크라이슬러, 벤츠와 합작 공장을 설립하여 자동차를 생산하고 있으며, 상하이자동차는 독일의 폭스바겐, 미국 GM사와의 합작으로 자동차 생산을 하고 있다.

중국은 각 지방 성을 기저로 한 자동차 생산 공장을 가동하고 있어 자동차 판매와 생산에 있어 수입 자동차와 합작 생산 자동차, 그리고 중국고유 브랜드 세 종류의 자동차가 혼재되어 있다. 그렇기 때문에 자동차 이름에는 합작회사의 이름을 중국어로 표기하고 있으며, 자동차 이름도 로마자의 표기보다 중국어 문자로 표기하는 자부심을 보이고 있다. 자동차 명명에 있어 크기와 마력을 기준으로 범주화가 가능한 이름짓기 방식을 채택하고 있다. 또한 중국자동차가 알파뉴메릭 방식의 이름 짓기를 선호하는 이유는 자국의 언어와 숫자를 조합

75) 1997년 설립된 체리자동차(奇瑞汽車,Chery Automobile)는 현재 중국자동차 수출의 대표주자로 장강(長江)유역의 주요 공업기지이며 물류기지인 안후이(安徽)성 우후시에 있다.

〈표 4-4〉 중국 자동차 이름

자동차 마력 기준	자동차 이름	내포적 의미
中型车 (중형차)	比亚迪F6, 比亚迪G6 (B), 东方之子, 旗云5 (C)	꿈을 이루다, 동방의 아들, 깃발,
紧凑型车 (준중형차)	比亚迪G3R, 比亚迪L3 (B), 长城C30, 腾翼C30, 腾翼C50 (Gw) 全球鹰GX2 ,全球鹰GC7, 远景(Ge) 旗云2 ,旗云3 , 奇瑞A3 ,奇瑞E5(C)	전 세계를 나는 매, 만리장성, 화려함, 자유함, 깃발, 신기하고 기이함,
小型车 (소형차)	哈弗M2, 腾翼C20R, 炫丽 (Gw), 全球鹰GX2l, 自由舰 (Ge) 风云2 ,奇瑞A1 (C)	하버드, 팬더, 매, 자유함, 바람
微型车 (경차)	比亚迪F0 (B), 哈弗M1 (Gw),熊猫(Ge) QQ3, QQ6, QQme, 旗云1(C)	작고 귀엽다는 의성어, 깃발
MPV (미니 밴)	比亚迪M6()(B), 腾翼V80(Gw)	꿈을 이루다, 매
SUV	比亚迪S6 ,标致3008, (B), 哈弗H3, 哈弗H5, 哈弗H6, 哈弗M4(Gw) 全球鹰GX7(Ge), 瑞虎 (C)	표시, 하버드, 매, 상서로운 호랑이

B-BYD 比亚迪,[76] Gw-长城GreatWal[77], Ge-浙江吉利Geely, C-奇瑞汽车Chery의 약어

하여 즉각적인 식별이 가능하도록 제품을 변별해주는 장점이 있기 때문이다. 숫자의 크기에 따라 자동차의 마력을 유추할 수 있고 이름에 연속성을 부여해 줄 수 있다는 점 때문에 중국은 해외 자동차 수출을 염두에 두고 자동차 이름으로 인한 오해를 최소화할 수 있는 알파뉴메릭 방식을 선호하고 있다고 생각된다. 〈표 4-4〉는 합작회사의 외국자동차 이름은 제외한 중국 회사의 이름만 정리한 것이다.

76) BYD: 'Build you dream' 약어이다.
77) Great Wall (of China): 중국의 만리장성을 의미하며 '세계를 향해 이동하다'는 의미를 지닌 회사이다.

3) 일본 자동차 이름

일본은 1898년 프랑스 인 테브레가 가져온 파나르 르바소르 자동차가 최초의 자동차로 기록되어 있다. 1904년 국산 증기 자동차를 시작으로, 1924년 포드 자동차가, 1927년에는 GM이 일본에서 자동차 생산을 시작하였다. 1935년 닛산이 'Datsun'의 생산을 시작으로 자동차 생산국이 되었다. 1936년 도요타가 AA형 승용차, 1950년 미츠비시 중공업은 카이저와 함께 헨리 J를 생산하였다 .[78]

일본도 우리나라와 마찬가지로 외국어에 대한 선호가 높다. 윤사연(2012: 62)에서는 일본 자동차 브랜드 명 162개를 조사하고 자동차의 이름을 분석하였다. 일본은 자동차 이름이 모두 로마자로 되어 있으며 일본어 3개(1.9%), 영어120개 (74.1%)이탈리아어 10개(6.2%,) 라틴어 7개(4.3%), 프랑스어 6개(3.7%), 스펜인어 5개(3.1%), 그리스어 3개 (1.9%), 독일어 3개(1.9%), 러시아어 1개(0.4%), 포르투칼어 1개(0.4%)의 구성을 보인다고 하였다.[79]

일본어로 된 이름은 탈 것이라는 'norimono'에서 두음을 따서 알파뉴메릭 방식으로 지은 N360과 재능이라는 뜻의 sainou의 SAI와같은 경우가 있다.

특이한 것은 'Camry'의 경우는 일본어 화관의 발음을 로마자로 표기한 것인데 해외구매자들은 이것이 일본어라는 것을 알지 못하는경우가 많다. 일본은 한국과 달리 여러 언어에서 이름을 차용하여 다양한 언어적 실험을 시도하고 있으며 로마자의 대소문자를 활용하여

78) http://www.jama.or.jp 참조

79) 윤사연(2012;66)은 한국과 일본의 자동차 브랜드 명을 구성하는 어휘를 분석하면서 한국은 스피드<우수성<고급성<자유<새로움<열정,대중성, 안함의 순서인데 반해 일본은 스피드<우수성<고급성<새로움< 편안함<자유< 열정이라는 이미지를 추구한다고 하고 한국과 일본의 자동차이름이 소비자에게 전달하고자 하는 이미지가 유사하다고 하였다.

〈표 4-5〉 일본 자동차 이름과 내포적 의미

자동차 배기량기준	자동차 이름	내포적 의미,
대형차	Celsior, Crown, Century, Soarer, Celsior, Majesta, Aristo, Windom, Avalon, MarkII, Qoalis,(T) President, Laurel, Primera (N) Proudia(H) Debonair, Ceda, Galant, (M)	〈고귀함〉 왕관, 세기, 존엄, 최상, 낙원의 섬, 지상 최고, 존엄, 총재, 일류, 월계관, 정중
중형차	Corona, Chaser, Supra, Cresta, Vista, Camry, Mrcaldina 2, Corolla,(T) Expert, Murano, Brova(M) Civic, Accord, S2000(H) Altima(N)	〈우수한 성능과 개성 〉 추적자, 전망, 희망, 용감함, 화관, 영광, 시민, 조화,
소형차	Sprinter, Levin, Starlet, Corsa, Tercel,, Trueno, Carib, Cynos, Carat, Glanza, Raum, Prius MR2 (T) Dion, Nest(H) Sivia, Cedric, Sunny Tino(N) Eclipse(M) G37, cupe(N)	〈친근함〉 단거리 선수, 번개, 순록, 매, 주목의 대상, 보석무게 단위, 소녀의 이름, 경주마
경차	Scion, Passo, Wish(T) Minica(M), Cube, Moco(N)	〈작고 귀여움〉 소망, 발판, 귀여운 의태어
SUV	HILUX SURF, RAV 4 J, RAV 4 L, I psum, CAMI, (T) X-TRAIL(N), Jeep, Pajero (M) NSX, CR-V(H)	〈편안함과 휴식〉 자유, 야생 고양이

T- 도요타, H- 혼다, N- 닛산, M- 미츠비씨, 등의 자동차 약어

'bB'와 같이 '무한 확대되는 미지의 가능성을 상징하는 블랙박스'라는 의미의 이름도 있다.

최근 들어 일본도 새로운 신어를 자동차 이름에 붙이는 경우가 많아지고 있으며 이것은 자동차 자체의 이름보다는 회사의 브랜드 가치를 더 내세우는 전략의 일환으로 보인다. 예를 들면 FX의 경우는 'Future+ X'의 조합이고, EDIX는 'Edit+ SIX'의 혼성이며 iQ는

'individuality+ innovation+ intelligence',의 첫글자 'i'와 Quality의 'Q' 합성으로 만든 신조어이다.

우리나라와 달리 일본은 자동차 이름으로 문학 작품이나 신화 속 여신의 이름을 자동차에 명명하기도 했으며 의태어를 이용한 조어도 보인다.

4. 자동차 이름으로 보는 문화

논어 5장[80]에는 천대의 수레를 가진 나라를 제후의 나라라고 하고 만대의 수레를 지닌 나라를 천자의 나라라고 한다고 하는 구절이 나온다. 이는 그 당시 나라의 부강함을 정하는 기준이 수레의 많고 적음이었음을 짐작할 수 있는 구절이다. 시간이 많이 흘렀지만 지금도 여전히 국가의 부강 정도를 자동차의 수로 저울질하는 것임은 크게 변하지 않았다.

강준만(2006)에서는 한국의 자동차 이데올로기는 미국이나 유럽과는 다르다고 지적하고 한국은 '노마디즘'이나 '이동성'을 내세워야 할 만큼 국가 면적이 넓지 않고, 분단으로 인해 '반도'에서 '섬'으로 변했기 때문에 국경을 넘나들 수도 없는데도 자동차 소유에 대한 사회적 욕구의 증대에 대한 이유를 신분 구별짓기가 근간이 되었음을 기술하고 있다.

미국과 우리는 자동차가 대변하고 구현한 소비주의 문화발달과정도 다르며, 국가주의나 민족주의 발현 양상도 다른데도 한세대 이상의 세월에 걸친 식민 통치를 겪은 동시에 압축 성장을 해온 한국에서 자동차는 근대화 선진화의 상징으로서의 가치와 더불어 내적 구별짓기의 용도가 가장 큰 의미를 갖는다고 보았다. 그는 '구별짓기'는 행위자들이 사회적인 구별을 확실히 하고 서로 구분되는 인지양식을 확보하기 위해 사용하는 전략

80) 논어 제5장(第五章) 子曰 道千乘之國하되 敬事而信하며 節用而愛人하며 使民以時니라 道는 治也라 千乘은 諸侯之國이니 其地可出兵車千乘者也라 敬者는 主一無適之謂니 敬事而信者는 敬其事而信於民也라 時는 謂農隙之時라 言治國之要 在此五者하니 亦務本之意也라

이라고 보았다. 기존 계급 개념에 취향문화라고 하는 변수를 더한 새로운 계급 개념이 필요하다는 것을 설명한 개념이다(Bourdieu, 1995). 이런 구별짓기에 있어서 자동차는 '물건 중의 왕이고 첨단의 사물'로 크기, 동력, 가격, 이미지 등 다양한 등급들을 야기함으로써 최선봉에 있다.(Lefebvre, 1990:150-151)고 했다. 자동차는 도입 초기부터 지위 구별짓기의 강력한 수단이었지만, 당시엔 극소수 특수계층에만 한정되어 광범위한 인정 투쟁의 대상이 되지 못했다. (강준만 2012 재인용)

동북아 삼국 중 일본이 자동차 산업에 먼저 진입하여 많은 자동차를 생산하고 각 자동차에 새로운 이름들을 부여하였지만 자동차 이름을 정하는 기준이나 범주는 회사 마다 다르게 나타났다. 그러나 배기량에 따라 어느 정도의 등급기준은 부여하였음을 알 수 있다. 한국 자동차 회사도 이러한 특성을 가지고 각 자동차에 이름을 부여해 온 것을 알 수 있다. 뒤늦게 자동차 산업에 합류한 중국은 한국과 일본과는 다른 자동차 명명의 방법을 가지고 있으며 자동차를 식별하는 방법도 자국의 기호로 자동차의 이름을 표기하는 자부심을 보이고 있다. 한국과 일본이 로마자 표기 방식을 고수하고 있을 때 중국은 자신들만의 문자로 생산회사와 그들의 모델명을 표기하는 특성을 보였으며 이름을 정할 때도 그들 나름의 방식을 선호하고 있음을 알았다.

한국과 일본은 자동차 이름에는 외래어의 사용이 많고 자국어가 있음에도 표기 방법은 모두 로마자에 의존하고 있다. 한국의 경우는 외국어는 좋은 것, 비싼 것, 귀족적인 것이라는 인식과 우리말은 친근한 것, 대중적인 것이라는 사회적 분위기가 조성되어 반영된 것이라고 볼 수 있다. 일본의 경우도 초기에는 신분 구별이라는 특성을 보였으나 한국과는 달리 다양한 동물의 이름과 문학작품속의 여인이나 소녀의 이름을 붙이기도 했으며 최근 생산된 자동차의 이름은 회사의 브랜드 명을 홍보하는 방식으로 변화되고 있으며 알파뉴메릭 (alphanumeric)의 방식을 선호하고 있음을 알 수 있다. 한중일 국가 모두가 해외수출을 염두에 둔 이름짓기 방식이며 숫자를 통해 자동차의 성능을 짐작할 수도 있고 발음이나 의미에 따른 오해를 최소화 할 수 있어 자동차 범주화가 가능하고 회사의 브랜드 가치를 높여주기 때문에 선호되고 있다.

5. 맺음말

자동차의 이름을 지을 때 자동차를 단순히 '이동·속도'라는 도구적 특징을 지닌 것이 아닌 신분 과시용 도구로 파악하여 자동차 이름이 지어짐을 알 수 있다. 이러한 특성은 한국의 경우 대형 자동차 이름에 많이 나타나는데 이것은 자동차의 크기와 귀족이나 왕, 높은 직위를 나타내는 단어와 동일시되어 자동차가 도구가 아닌 계급을 보여준다는 의미를 드러내고 있다.

자동차는 그것을 소유한 사람의 특별한 신분·계층을 나타낸다는 사회적 인식이 저변에 깔려 있는 것이라고 생각된다. 소형차의 경우는 젊고 발랄한 이미지를 투사하여 작고 강한 의미가 많았다. 한중일 자동차 이름에 나타난 문화연구를 통해 자동차에 부여하는 이름이 자동차의 상품으로서의 정체성을 확인해주고 다른 자동차와의 구별을 위한 개별성의 토대가 됨을 알았다.

그렇기 때문에 자동차에 이름을 붙이는 행위는 그 자동차의 고유한 속성을 잘 드러나게 명명되어야 하며 어떤 경우는 그 이름이 고유명사에서 보통명사로 바뀌어 오래도록 기억되는 개성을 가지게 될 수도 있다는 사실을 확인하였다. 모든 제품들은 기호이고 제품과 기호는 결국 물질과 의미의 결합으로 이해된다. 제품들은 그 제품의 물질적 속성과 사회적 의미의 조합으로 완성되기 때문이다.

McCracken(1988:79)이 "의미는 문화적으로 구성된 세계로부터 소비재 상품으로 끊임없이 전달된다. 여기서 광고는 이러한 의미전달의 통로 역할을 한다. 광고를 통해 오래된 상품이든 새로운 상품이든 모두 끊임없이 묵은 의미를 벗어 던지고 새로운 의미를 택한다. …광고는 현재 통용되는 문화적 의미에 대한 어휘사전(lexicon)역할을 담당한다."[81] 라고 한 말을 되새김해보면서 자동차라는 상품의 이름이 우리 문화를 해석하는 의미 있는 언어가 될 수 있음을 알았다.

81) 김주환(1995;102) 재인용

참고문헌

1. 강준만 2006 '자동차 미디어 기능에 관한 연구' 『언론과학 연구』, 제 9권2호 5 ~ 46.
2. 김주환 1995. '상품의 기호학' 『세계의 문학』,가을호 민음사.
3. 김종도 2003. 『은유의 세계』,한국문화사.
4. 노형남 2006. '브랜드네이밍의 사회언어학적 분석', 담화·인지언어학회 학술대회 발표논문집, pp.115-127.
5. 변정민 2005. 『우리말의 인지 표현』,월인, pp.9-44.
6. 송정근 2008 '상업적 명명어의 단어 유형 체계에 대한 연구'『우리말글 한국어문학 42』, pp.89-114.
7. 양창용 2005. '자동차 이름에 대한 언어학적 고찰'. 『영어영문학연구 47:1』, pp.293-311.
8. 윤사연 2012. '한일 브랜드 명에 관한 대조 사회학적 연구', 중앙대 대학원 일어일문학과 박사학위 논문.
9. 이민원 2001. 『한국의 황제 』,대원사.
10. 이현우 1998. 『광고와 언어.』,서울: 커뮤니케이션북스.
11. 임지룡, 요시모토 하지메, 박수경 옮김(2008). 『언어의 인지과학사전』, Tsuji, Yukio 편, 박이정.
12. 임지룡 2006. '인지언어학적 관점에서 본 의미의 본질'『한국어 의미학 21』, pp.1-29.
13. 정경일 2007. '브랜드네임의 유형별 고찰'『우리어문학 27』, pp.139-163.
14. 정경일 2008. '브랜드네임의 인지언어학적 측면에 관한 시론' 『어문논집 57』, pp.145-170.
15. 조서환 2007. '일등 상품 마케팅 전략의 제4원칙'『마케팅 41:2』, pp.19-24.
16. 채 완 2010. 『광고와 상표명의 언어 연구』서울: 지식과 교양.
17. Langacker,Ronald W.1991. Concept, Image, and Symbol: Cognitive basis of Grammar. New York:Mouton de Gruyter.

18. Lakoff & Johnson. 1980. Metaphors We Live By. Chicago and London: The Univ Chicago.
19. http://blog.naver.com/krxipc?Redirect=Log&logNo=90134653493
20. http://www.fun.co.kr/content.asp?aid=61838E24B4424BC601C82208F2143083
21. 박상후.13억과의대화
http://imnews.imbc.com/mpeople/rptcolumn/rptcol13/index.html

5
CHAPTER

자동차와 디자인

1. 서론
2. 자동차 디자인이란?
3. 디자인의 최신 경향들과 자동차
4. 디자인과 자동차 과학
5. 제품디자인으로서의 자동차 디자인

1. 서 론

이제 자동차(Motor or Vehicle)는 단순한 탈 것이 아닌 사람들이 일상생활 중 상당 시간을 보내고 음악을 듣거나 커피를 마시고 심지어 사랑을 나누는 공간으로 바뀌고 있다. 자동차의 기본 기능은 안전하게 빠르게 운전자를 목적지에 데려다 주는 것이었으나 자동차의 이러한 기본 기능에 더해 다양한 편의 장치들이 더 중요한 시대가 되었다. 자동차 제조비용만 보더라도 과거에는 엔진이나 섀시 같은 몸체(Body) 제조비용이 편의 장치 비용보다 더 많이 차지했지만 현대의 자동차는 내비게이션이나 오디오 같은 편의장치 비용이 바디 비용보다 더 많은 비중을 차지하고 있다.

또한 차량과 운전자의 상호작용이나 인터페이스가 과거에는 엑셀, 핸들과 같은 주행 중심의 인터페이스가 주종이었다면 요즘은 운전자의 지문인식이나 음성인식과 같은 것에서부터 졸림 방지 장치, 스마트폰과 같은 멀티미디어 기기 인식등 인간의 오감을 인지하고 그에 반응하는 인터페이스들도 등장하게 되었다. 심지어 USN(Ubiquitious Sensor Network)[82]의 등장과 ITS(Intelligent Transportation System)[83]의 등장으로 차량과 차량간의 커뮤니케이션, 차량과 도로 간의 커뮤니케이션, 운전자와 차량 간의 커뮤니케이션등이 필수적인 요소가 되어가고 있다.

---

82) 유비쿼터스 센서 네트워크(USN)는 각종 센서에서 수집한 정보를 무선으로 수집할 수 있도록 구성한 네트워크를 말한다.

83) 전자, 정보, 통신, 제어 등 첨단 기술을 활용하여 실시간 교통 정보를 수집, 관리,제공하여 교통 시설의 이용 효율을 극대화하는 차세대 지능형 교통 체계.

이처럼 자동차 디자인은 과거의 기능 중심에서 탈피해, 도로의 지능화, 감성공학과 센서기술의 발달등에 맞추어 인간과 차량, 인간과 탈 것, 나아가 인간과 교통시스템의 상호작용이 어떻게 변화할 것인지, 또 그에 따른 교통문화와 운전개념의 변화등과 같은 철학적 개념들도 다루고 있다.

또한 세계적인 자동차 제조회사의 자동차 개발 과정에서 과거에는 엔지니어 중심의 자동차 개발이 이뤄져 왔다. 예를 들어 엔진이나 부품 관련 엔지니어들은 항상 “나는 자동차라면 금형, 조립, 부품, 설계에 대해 완벽하게 안다. 전 세계의 차 모양만 봐도 내부 구조에 대해 환하게 안다”라고 말하며 신차 개발시 엔지니어는 그 부품이나 기능이 왜 불가능한지 디자이너에게 설명해왔다. 그러나 해외는 물론 국내도 이제 개발 과정이 많이 바뀌었다. 산업화 시대에는 공학적 기능이 디자인보다 더 중요한 위치를 차지하고 있었지만 이제 자동차 회사에서는 디자인이 공학적 기능 못지않게 중요한 취급을 받고 있다. 현대자동차가 북미 지역에서 빅 5 메이커로 부상한 것도 모두 디자인 때문이라는 평가를 받고 있다.

이와 같은 디자인 중시 경영 트렌드로 인해 기업마다 엔지니어는 디자인을 이해하기 위해, 디자이너는 제품의 공학적 기능을 이해하기 위해 서로에게 배우는 것이 유행이다. 이렇듯 디자이너와 엔지니어, 나아가서 기획자 모두 혼자서는 완벽해질 수 없다. 기획자는 아이디어는 있지만 실현할 수 있는 기술이 부족하고, 디자이너는 멋진 디자인을 만들 수 있지만 기술이 부족하다. 또한 엔지니어는 만들어낼 수 있지만 멋진 디자인으로 포장할 수는 없다. 자동차와 같은 첨단 제품은 디자이너나 엔지니어 혼자서 만들어내는 것이 아니라 함께 만들어가는 것이다. 자동차 생산의 메커니즘은 디자이너와 엔지니어가 서로 협상과 타협을 해나가는 과정이라 할 수 있다. 자동차 개발이야 말로 첨단 기술과 디자인의 결정체다. 부품만 수만 개가 들어가고 디자이너만 해도 수백 명이 동원되는 자동차 개발.

여기에서 완벽한 자동차가 탄생하기 위해서는 디자이너의 창의성과 역량, 그리고 엔지니어들이 갖고 있는 기술적 부문들 간에 교감을 공유해야 명차가 탄생하게 된다.

예를 들어 디자이너가 새 차를 디자인했는데 보디와 타이어, 휠베이스 등 자동차를 구성하고 있는 요소들과의 밸런스가 맞지 않으면 그 차는 실패한 디자인이 된다. 따라서 디자이너와 엔지니어들 간의 교감은 필수적이라 할 수 있다.

흔히 디자이너와 엔지니어가 교감해 성공적인 제품을 만든 예로 애플사를 거론한다. 작고한 애플의 최고경영자 스티브 잡스는 "완전히 다른 결과물을 내놓으려면 완전히 다른 방법으로 작업해야 한다. 애플의 디자이너와 엔지니어는 제품 개발의 전 단계에서 항상 협동 작업을 하며, 이러한 파트너십 덕분에 여러 가지 혁신을 이룰 수 있었다"고 말하고 있다. 잡스는 지금으로부터 이미 10여 년 전에 애플의 디자인 철학을 묻자 "디자인은 디자이너가 하고 엔지니어는 그것을 따라하면 된다."고 답한바 있다. 즉 지금까지는 대부분의 디자이너가 엔지니어의 지시에 따라 일했지만 이제는 항상 디자인을 먼저 생각하는 사고방식이 필요하다는 것이다. 또한 음향기기 전문회사인 뱅앤 올룹슨은 '가격보다 디자인과 품질을 추구하는 사람들을 위해서'를 회사의 캐치프레이즈로 삼고 있으며 신제품을 만들 때 디자인을 먼저 정하고 그 후에 기술을 접목시키고 있다.

한국의 자동차 제조업체들도 이제는 경영의 중심에 디자인을 가장 먼저 둘 정도로 회사 경영 방침을 바꾸고 있는데 가장 활발하게 디자인 경영을 전개하고 있는 회사는 기아자동차라고 할 수 있다. 소울(Soul)을 비롯하여 박스형 자동차 레이(Ray)등 파격적이고 혁신적인 디자인의 자동차 모델을 출시하고 디자인을 기아자동의 핵심 동력으로 천명한 이유는 이제 디자인이 제품경쟁력의 핵심요소로 자리 잡았기 때문이다. 소비자들은 품질, 기술, 가격보다는 디자인과 브랜드를 보고 구매를 결정하게 되었고, 또 기술이나 품질의 평준화, 가격 경쟁력마저 상실한 상황에서 디자인이야말로 가장 강력하고 효과적인 차별화 수단이 되었다. 소비자들의 개성이 다양화해 지고 개별화된 욕구를 충족시켜주는 제품을 원하고 있기 때문에 같은 재료로도 음식을 더 맛있게 만드는 주방장이 있듯이 동일한 사양의 기술로 맛을 다르게 내는 것, 그것이 바로 디자인이라 할 수 있다. 이제는 '기술에 디자인을 맞추는 시대'가 아니라, '디자인에 기술을 맞추는 시대'인 것이다.

2. 자동차 디자인이란

디자인은 라틴어인 '디세뇨'(disegno : 계획, 설계, 밑그림)에 그 어원이 있으며 이전에 존재하지 않았던 새로운 무언가를 만들어 내는 창조활동이라고 할 수 있다. 이를 자동차에 적용할 경우 디자인은 사물의 재료나 구조, 기능은 물론 아름다움이나 조화를 고려하여 하나의 자동차 형태 혹은 형식들을 한데 묶어내는 총합적 계획, 설계를 말한다고 할 수 있다. 또 그렇게 하는 과정을 통해 만들어진 대상, 즉 자동차 자체도 이에 해당한다.

디자인은 산업혁명 이후 과학기술접목에 의한 산업적 대량생산방식과 결합되면서 인간의 의식주 생활에 지대한 영향을 끼쳤다. 산업화 시대의 디자인의 목표는 대량의 물건을 일괄적으로 잘 생산하는 데 있다. 수많은 제품들은 이같은 표준화를 거쳐 수백만의 소비자들에게 전달된다. 자동차 또한 공장에서 표준화를 거쳐 수십만대씩 생산되고 있고 소비자들은 개인화되거나 맞춤화된 자동차를 소유할 수 없다. 그러나 디지털혁명 이래 오늘날에는 디자인의 새로운 영역들이 탄생되며 그 의미도 점차 확대되어 가고 있는 추세다. 이에 따라 일종의 맞춤형 제품과 같은 새로운 제조방식이 가능해졌다. 어떻게 보면 이같은 개인화된 디자인은 새로운 개념이 아니라 원래 농경시대부터 존재하던 개념이라고 할 수 있다. 농경시대에는 가내 수공업에 의해 제품을 만들었으므로 모든 제품이 맞춤형이었다고 할 수 있을 것이다. 오늘날 자동차 메이커들도 크게 보면 표준화된 대량생산과 영국의 자동차 벤틀리(Bentley)나 롤스로이스(Rolls-Royce)처럼 맞춤형으로 주문 제작되는 방식으로 양립하고 있다고 할 수 있다.

우리 생활 주변에 있는 수많은 훌륭한 디자인들은 사실 큰 주의를 끌지 못한다. 사람들이 매일 아침에 일어날 때 느끼진 못하지만 주위에 있는 각종 물건들은 모두 각자 디자인을 거쳐 나온 것이다. 이렇듯 디자인은 매일 생활 중에 사용되며 부지불식 간에 존재하는 것이다. 자동차 안의 핸들부터 엑셀, 모든 수많은 부품들은 전혀 디자인되어 있다는 느낌을 주지 못하지만 보이지 않는 곳에서 그 기능을 수행하고 있다. 흔히 사람들은 자동차에서 디자인 하면 외형과 색상 정도로만 인지할 뿐이다.

자동차에 있어서 디자인이란 어떤 것일까? 일반적으로 좋은 디자인(Good Design)의 조건으로 실용성, 아름다움, 창조성, 환경친화성등을 드는데 자동차에 있어서 좋은 디자인 또한 이러한 일반적인 조건을 충족시켜야 할 것이다. 우선 좋은 자동차 디자인은 실용적이어야 할 것이다. 디자인은 인간의 생존을 위한 도구를 창출하는 것으로 도구의 진화가 곧 디자인의 역사라고 할 정도로 기능이 중요한 조건이 되어 왔다. 따라서 제품의 합목적성과 편리성이 수반되어야 한다. 합목적성이란 사물이 일정한 목적에 적합한 방식으로 존재하는 성질을 말하는 것으로 디자인을 요구하는 사회적 여건과 디자인·인간·환경의 관계에 대한 종합적 이해를 뜻한다. 여기서 말하는 목적이란 실용적으로 쓰여야 하는 목적을 가리키므로 '실용성' 또는 '기능성'이라고도 할 수 있다. 이때 기능은 인간이 사회생활을 영위하는데 필요한 도구를 '사용'할 때 파생되는 심리적, 사회적 결과까지도 포함한다. 편리성이란 사용함에 용이하여야 한다. 아무리 외관이 아름답다할지라도 사용하기에 불편하거나 사용법이 어려우면 도구로써의 역할을 다하지 못하기 때문이다. 자동차에 있어서 일차적인 목적은 곧 〈이동의 용이성〉이라고 할 수 있을 것이다. 물건이나 사람을 어디론가 빨리, 그리고 쉽게 수송하는 것이 실용성이라 할 수 있다.

다음으로 자동차 디자인은 아름다움을 추구해야 한다. 모든 인간이 만든 도구는 단순히 '사용(用)'의 조건만으로는 성립되지 않는다. 인간의 생활을 보다 차원 높게 유지하려는 조건의 하나로서 미의 문제가 고려된다. 여기서의 미는 아름답게 하기 위하여 표면에 회화적인 장식을 하는 피상적인 것이 아니라 기능과 유기적으로 연결된 형태, 색채, 재질의 아름다움을 창조하는 것을 말한다. 그러나 아름다움에 대한 가치 기준은 지극히 주관적이기 때문에 동시대에 살고 있는 사람들이라고 하더라도 개개인의 성향이나 연령, 성별 등에 따라 달라지며, 시대나 국가, 민족에 따라 달라진다. 이러한 이유로 인해 자동차의 디자인 또한 문화권별로 조금씩 달라질 수 밖에 없는 것이다. 동일한 자동차 모델이지만 이슬람권에 출시되는 차량은 그 색상이나 브랜드 이름이 달라지기도 하는 것이 이 때문이다.

좋은 디자인은 또한 창조적이며 혁신적이어야 한다. 매년 라스베가스에서 열리는 세계 최대 가전 전시회인 CES(Consumer Electonics Show)에서는 매년 혁신상(Innovation Award)을 수상하는데 자동차 회사들이 이러한 가전제품 혁신 부문에 참가하는 것도 창조성 때문이라고 할 수 있다. 연필과 지우개가 만나 사용하기 편리한 지우개 연필이 만들어지고 식물인 독고마리의 씨앗을 보고 찍찍이 벨크로가 만들어 진 것처럼 이제 자동차 디자인은 기계 디자인이 아니라 전자, IT, 심지어는 바이오 산업이 만나는 창조적 산물이 되어기고 있다.

그리고 이제 좋은 디자인은 환경친화적이어야 한다. 특히 자동차야 말로 유해가스 및 각종 유해물질의 배출이라는 숙명적 기능을 갖고 있으므로 더욱 더 친환경적으로 디자인되어야 한다. 자동차의 배출 가스로인한 기상 변화와 환경재앙은 전 세계적인 지구 온난화의 원인이 되고 있으므로 전기자동차의 개발, 수소자동차의 개발등 새로운 방식의 자동차 개발이 핫이슈로 대두되고 있는 것이다. 이러한 친환경지향의 디자인의 분야로 에코디자인(Eco design)이라는 용어가 등장했으며, 녹색디자인(Green

Design)과 같은 디자인 경향도 나타나고 있다.

이외에도 현대 디자인 경향으로 1980년대 이후 일본의 유니버셜 디자인 (Universial Design), 영국의 인클루시브 디자인 '(Inclusive Design)', 미국의 지속가능 디자인 (Sustainable Design)'. 덴마크의 '퍼블릭 디자인 (Public Design)'과 같은 다양한 용어들이 나타나기 시작하면서 세계 각지에서 '인간을 위한 디자인', '자연을 위한 디자인', '사회와 커뮤니티를 위한 디자인'이 21세기 인본주의 중심의 디자인 트렌드를 이끌어가고 있다. 자동차 디자인 또한 이같은 다양한 디자인 경향을 반영하여 제작되고 있다.

3. 디자인의 최신 경향들과 자동차

1) 자연을 모방하는 디자인(Biomimicry Design)

이는 자연이나 생물의 기본구조와 원리, 메커니즘 등을 산업에 적용하는 것을 말한다. 자연에서 지혜와 아이디어를 얻고자 하는 노력은 형태적, 심미적 모방을 넘어 자연의 생태 기본구조와 원리 및 메커니즘을 모방하고자 하는 단계에 이르렀다.

바이오미미크리 디자인 적용 사례는 크게 형태, 기능, 시스템의 3가지 분야로 나누어 살펴볼 수 있는데 가장 많은 분야는 형태나 기능의 모방이며 최근 지속가능성과 함께 대두되는 시스템적 모방은 자연의 생산 및 폐기, 재생의 순환과 같은 자연의 생태를 산업에 적용한 사례를 말한다.

자동차의 경우 거북복의 네모난 몸뚱이를 모방한 자동차 디자인을 예로 들 수 있다. 거북복의 꼬리 쪽이 잘록한 체형은 물의 저항을 줄여 초당 몸길이의 여섯 배까지 헤엄칠 수 있게 하며 딱딱한 체갑(體甲)의 모서리는 몸의 균형을 잡아준다. 이같은 거북복의 유선형 몸체는 메르세데스 벤츠의 생체공학 콘셉트 카에 영감을 주었다. 독일 슈투트가르트 실험실에서 풍동시험을 하는 동안 생긴 물 흐르는 듯 한 증기가 이 자동차의 공기역학성을 뚜렷이 보여준다. 공기역학을 고려한 이런 디자인은 차의 연비를 리터당 30 km까지 향상시킨다고 한다.

〈그림 5-1〉 거북복에서 힌트를 얻은 메르세데스 벤츠
[출처:www.nationalgeographic.co.kr]

2) 배려의 디자인(Inclusive Design/Universal Design)

배려의 디자인이란 장애인, 노인 등 사회적 약자를 배려하는 디자인으로 북유럽에서는 '모두를 위한 디자인 Design for all'. 미국, 대

만, 일본에서는 '보편적인 디자인 Universal Design'. 영국에서는 '배려의 디자인(Inclusive Design)'이라고 불린다. 북미에서 주로 사용되는 용어인 '유니버셜 디자인'이 제품 디자인이나 건물 등에 좀 더 치중한다면 유럽에서 사용되는 용어인 '인클루시브 디자인'은 커뮤니케이션, 서비스 등의 디자인까지 아우르는 좀 더 광의적인 개념이라 할 수 있다. 또한 유니버설디자인이 육체적, 체험적, 이성적 디자인이라면 인클루시브 디자인은 정신적, 시각적, 감성적 디자인으로 사고의 범위를 넓혔다고 할 수 있다.[84]

인클루시브 디자인이란 용어를 만들어 낸 디자이너 '줄리아 카심'은 우리 주변에서 흔히 찾아볼 수 있는 승용차 문의 파란색 스티로폼 역시 지극히 한국적 맥락의 인클루시브 디자인이라고 평가했다. 즉 내 차문이 타인의 차량에 부딪혀 상처를 내지 않도록 배려하기 위해 그와 같은 완충물을 부착했다고 보는 것이다.

3) 적정 디자인(Vernacular Design)

현재 디자인 분야에 있어 '지속 가능한 디자인'과 더불어 '소수 90%를 위한 디자인'에 대한 관심이 나날이 높아져 가고 있다. 〈인간을 위한 디자인 Design for the Real World〉의 저자인 빅터 파파넥(Victor Papanek)은 "디자인은 '영리가 아닌 사람'을 향한 것이어야 한다"고 말하며 디자인의 사회적 역할에 대해 강조하고 있다. 즉 소수를 위한 디자인의 약점은 산업체에게 수익과 생산을 안겨 줄 수 없기 때문에 산업체는 가진 사람을 위해 디자인을 할 수 밖에 없다

84) 안상락 (2010), 유니버설 사인시스템의 관리방안, 한국일러스아트학회.

는 것이다. 버네큘러란 문화적인 사물(Cultural Object)에 나타난 그 지역의 민속적 특성을 일컫는 표현이다. 즉 버네큘러 디자인이란 디자인의 미적 측면을 강조하기보단, 환경적, 사회적, 문화적인 측면을 강조한 디자인이라고 할 수 있다. 또한 버네큘러 디자인은 그 지역의 적정 기술로 다시 재해석, 창조 될 수 있는 지속가능한 진화적 디자인이라 할 수 있다.[85]

〈그림 5-2〉 적정 디자인(Vernacular Design):.라이프스트로, 큐 드럼

85) 김덕순 (2008) 공공시설의 버네큘러 디자인 적용성 연구, 커뮤니케이션디자인학연구 제 26호.

소켓이라는 축구공은 전기를 생산하는 축구공이라는 뜻으로 15분가량 차고 놀면 3시간 동안 LED 조명을 밝힐 수 있다. 아이들은 낮 동안 놀면서 어둠을 밝힐 에너지를 만드는 생산자로 변신하다. 또 다른 예로 라이프 스트로는 맑은 물을 구하기가 힘든 나이지리아, 가나, 우간다 등에 거주하는 사람들을 위해 개발된 빨대형 정수기이다.

큐 드럼은 깨끗한 물의 공급처로부터 수 킬로미터 떨어진 아프리카의 시골 마을 사람들을 위해 만들어졌다. 자동차의 경우 아직 이같은 디자인 경향이 나타나고 있지 않으나 인도의 타타자동차가 만든 100만원대 자동차가 대안이 될 수 있을 것이다. 혹은 자동차라는 탈것 대신에 대나무로 만든 자전거나 수송수단이 적정 디자인의 사례로 들 수 있을 것이다.

4) 감성디자인

아날로그적 감성과 디지털 기술이 접목된 디지로그 패러다임이 디자인 분야의 화두가 되고 있다. 21세기 생활 전반에 디지털 혁명이 일어나 아날로그가 사라질 것 같았지만, 경쟁력을 갖춘 제품들은 아날로그적 정서를 담고 있다. 마이크로소프트사의 키넥트(Kinect)는 단순한 게임 컨트롤러가 아니라 지나가는 고객을 스캔하여 성별, 키, 몸무게, 인종, 나이 등을 추측하여 고객성향에 맞는 제품을 추천해준다. 또한 삼성전자의 갤럭시노트는 디지털 기기이지만 노트에 필기를 하는듯한 자연스럽고 감성적인 경험을 제공하여 성공을 거두었다. 손가락 두개를 활용하여 스마트폰 화면을 확대하는 인터페이스 또한 이러한 감성디자인이 적용된 결과라고 할 수 있다.

〈그림 5-3〉 감성과 기술을 충족한 디자인 (출처:각 사의 홈페이지)

컴퓨터 종료 버튼을 메타포로 활용한 휴지통, 다양한 색상과 형태의 애플 아이맥, 스위치 하나로 알아서 척척 집안 청소를 책임지는 인공지능 로봇청소기, 톡톡 튀는 디자인으로 소비자의 감성을 자극한 BMW의 미니 등은 소비자의 감성과 기술을 충족시키는 동시에 마케팅의 융합까지 고려한 제품으로 평가받고 있다.

5) 에코디자인(Ecodesign)

에코디자인(Eco-design)이란 용어는 에콜로지(ecology)와 디자인(design)의 합성어로서 제품 전 과정에 걸친 환경측면을 비용, 품질 등 다른 요소와 함께 통합적으로 고려하여 최적의 제품을 설계하고 디자인하는 것을 의미한다. 생물학의 한 분야로서 등장한 생태학이 디자인에 영향을 미쳐 탄생한 에코디자인은 80년대에 등장하여 오늘날까지 다양한 방식으로 패션, 제품, 건축디자인등에 영향을 미치고 있다.[86]

에코디자인은 제품개발 초기단계에서 제품의 기능, 가격, 성능, 품질, 관련 법규 및 기술적 타당성 등의 설계 요건들뿐만 아니라 제품의 환경성을 파악하고, 이를 제품 설계 프로세스에 통합하는 활동을 말한다. 또한 제품의 전 과정에서 생길 수 있는 환경 피해를 줄이면서 제품 기능과 품질 경쟁력을 높이도록 하는 환경 친화 디자인을 에코디자인이라 한다.

에코디자인(Eco-design)의 핵심은 3R(Reduce, Recycle, Reuse)이라 할 수 있으며 이는 에너지의 소모를 최대한 줄여야 할 뿐만 아니라 유해물질의 배출도 감소시켜야 한다는 의미이다.[87] 이러한 3R에 대체(Replacement), 재충전(Refill)등을 추가해 5R로 부르기도 한다.[88] 에코디자인 이외에도 '환경 친화적 디자인' '그린디자인' '생태적 디자인' 등 유사한 용어들이 사용되고 있으며 이러한 용어들은 엄격한 의미에는 차이가 있겠지만 궁극적인 목적이나 개념은 같다고 볼 수 있다.[89] 이외에도 '자연디자인' '지속가능한 디자인'등과 같은 경향들도 광의의 에코디자인등에 포함시키기도 한다.

---

86) 이혜주·이지연(2004), 20세기에 나타난 에코디자인의 개념적 특성에 관한 연구, 생활과학 논집 제23집, p.42.
87) Wang Yongchao, 녹색제품 원칙 탐색, 중국기계디자인출판사, 1999. p.24.
88) 정주연(2011), 에코디자인 패키지 평가툴 개발에 관한 연구, 디지털디자인학연구 통권 32호.
89) 김미자(2010), 에코패키지의 현황 및 최근 기술 동향, Journal of Packaging Culture Design Research Vol. 27, p.15.

6) 인터페이스 디자인(Interface Design)

인터페이스는 말 그대로 면(face)과 면이 만나는 접점으로 디자인 용어로는 '인간'과 '대상물'이 만나 상호작용(Interaction)이 일어나는 모든 방법과 수단을 의미하며 그 상호작용이 일어나는 장소나 심지어 물체까지 의미할 수도 있다.[90] 인터페이스는 사용자인 인간과 직접적으로 관계되며 디자인적인 관점에서 인터페이스는 디자인되어야 하는 대상이면서 동시에 사용자인 인간의 행위 그 자체로 이해된다. 인터페이스 다자인은 단순히 단어의 의미로만 정의한다면 접촉 영역을 디자인하는 것을 의미지만 나아가서 인간과 대상물이라는 시스템 사이의 상호작용(Interface) 전반을 포함한다.

다시 말해, 어떤 기계나 장치를 인간이 효율적으로 사용하거나 또는 상호작용할 수 있도록 디자인하는 것이다. 인터페이스는 사람이 도구를 만들어 사용하기 시작한 이후부터 사람과 도구사이에 존재해 왔으며, 도구를 사용하기 위해서는 필수적으로 이해해야하는 부분이라고 할 수 있다. 인지 심리학자 도널드 노먼(Dornald Norman)은 잘 디자인된 인터페이스는 도구의 사용 방법을 사용자가 쉽게 이해하고 사용할 수 있도록 도와주는 도구의 가장 중요한 부분이라고 설명하고 있다.[91]

자동차에 있어서 인터페이스 디자인은 인간과 자동차가 만나는 모든 접점, 즉 차량 전부를 의미한다고 할 수 있다. 문을 여는 방식, 핸들을 돌리고 시동을 걸고 엑셀을 밟는 모든 방식이 곧 인간과 자동차의 인터페이스인 것이다. 좋은 인터페이스는 학습하기가 쉬워야

---

90) 이경아. 나건 (2011), 인터페이스의 의미와 특성 연구를 토대로 한 감성인터페이스디자인 개념모델에 관한 ,한국디자인문화학회 17권 2호.

91) 김지윤 (2002), 사용편의성 향상을 위한 인터페이스 디자인의 구성 요소에 관한 연구, 시 각디자인학연구 제10호.

하며 쉽게 기억되고 조작의 에러가 없어야 하며 주관적으로도 만족스러워야 한다.

7) 인터랙션 디자인(Interaction Design)

인터랙션 디자인은 우리 생활에서 일상적으로 경험하는 일이지만 눈에 잘 보이지 않는 것이다. 어떤 물건의 인터페이스와 그것을 활용하려는 사용자가 존재하면 그 사이에 반드시 인터랙션이 발생한다. 사용자는 행동하고 인터페이스는 반응하는 것이다. 인터랙션 디자인은 사물의 겉모양을 바꾸는 것이 아닌 사물이 어떻게 동작하고 사용자의 행동이 목적을 달성할 수 있는지를 디자인하는 것이다.[92]

인터랙션 디자인은 우리가 매일 열고 닫는 문고리나 돌려 따는 병마개같은 제품에서도 일어나지만 컴퓨터 운영체제와 같은 소프트웨어에서도 발생한다. 인터랙션 디자인은 처음 인간과 컴퓨터(혹은 자동차와 같은 기계)간의 효율적인 인터페이스 구현을 목적으로 출발하였다. 이제 인터랙션 디자인은 인간이 갖는 인지, 지각, 기억 등 인간의 사고활동 연구에 중점을 두는 인지공학을 주축으로 인간의 오감에 대한 생물학적 능력에 대한 연구 기틀을 마련하는 인간공학과 더 나아가서는 컴퓨터 과학, 심리학, 인지과학, 소프트웨어공학, 기호학, 사회학, 문화 인류학, 커뮤니케이션학, 하드웨어 관련 기술 등을 포괄하는 활동으로 진화하고 있다.[93]

92) 댄 새퍼 저. 이수인 역 (2008), 인터랙션 디자인, 에이콘출판사, p4.

93) 김경배. 김성희. 이해묵 (2006), 유비쿼터스 컴퓨팅환경에서의 인터렉션디자인 방향에 관한 고찰, 기초 조형학연구, 제7권 4호.

자동차 디자인에 있어 인터랙션이란 시간에 따라 조건이나 상태가 달라진다. 시간이 지남에 따라 사용자는 기계나 시스템에 점점 익숙해지고, 시스템은 사용자를 더 많이 이해하게 되기 때문이다. 더구나 현대와 같이 첨단 기술이 적용된 자동차의 경우 복잡한 기능과 구조, 여러 가지 종류의 미디어등 사용자에게 보다 많은 학습을 요구하고 있다. 따라서 사용자에게 최적의 상호작용을 요구하는 것은 더욱 중요해져가고 있으며, 그만큼 인터렉션 디자인의 중요성도 커지고 있다.

8) 사용자경험디자인(UX, User Experience Design)

인터페이스 디자인이 사물과 일반 사용자간의 소통방법을 말한다면 UX는 사물과 일반 사용자 중 사용자 측을 고려한 디자인을 말한다. UX의 X는 expect, experience를 의미하는데 사용자가 하는 행동을 예측하거나, 사용자의 경험을 연구해 디자인하는 것이라 할 수 있다.

최근 제품 및 서비스의 성공을 위해서는 기술 및 기능의 차별화뿐만 아니라 사용자가 주관적으로 경험하는 요소들이 중요하다는 견해가 부각되고 있다. 사용자 경험은 개인이 제품이나 시스템, 서비스의 사용을 기대하고 실제 사용을 수행함을 통해 가지게 되는 인식과 반응이다. 사용자 경험은 개인의 주관적, 감성적 관점에 좀 더 주안점을 두고 있으며, 이는 실용성과 이성적인 품질에 좀 더 초점을 두는 사용성(Usability)과 차별화 되는 부분이다. 제품과 시스템은 한 번의 사용으로 끝나는 대상이 아니므로 시간이 흐르면서 경험은 달라진다. 사용자마다 관심, 능력, 배경, 목적 등이 다르기 때문에 상황에 따라 경험은 또한 달라질 수 있다.

사용자가 얻는 경험의 3가지 요소는 목표를 달성함으로써 얻는 경험인 목표(Goal), 새로운 정보와 지식을 통한 경험인 의미(Meaning), 그리고 미적이고 감성적인 경험인 아름다움(Aesthetic)으로 구성될 수 있다. 이러한 경험들을 창출하기 위해서는 사용자가 서비스나 제품의 원하는 정보에 몰입할 수 있게 배려된 정보의 의미체계, 미적 아름다움과 기능을 잘 접목시킨 인터페이스 디자인, 사용성이 충분히 반영된 인터랙션 방식, 그리고 사용자가 제품과 서비스를 사용하는 상황에 대한 고려가 중요하다.

XR3 Hybrid

4. 디자인과 자동차 과학

인류가 굴림쇠로부터 바퀴를 발명한 것은 약 6천년 전의 일이다. 그것을 사람의 힘이나 짐승의 힘으로 굴린 시대가 오랜 동안 지속되다가, 드디어 자체의 힘으로 굴러가는 수레를 발명하게 되었다. 철학자 베이컨은 1250년 “어느 날 말이나 그밖의 동물에 의하지 않고 스스로 달리는 차가 생기게 될 것”이라고 예상한 바 있다. 15세기의 예술가이지 발명가인 레오나르도 다빈치는 스프링의 힘으로 달리는 3륜의 자주차를 고안했으나 실현되지는 않았으며 1569년 네덜란드인 스테핀이 돛에 바람을 받아 주행하는 풍력 자동차를 태우고 처음으로 살린 바 있다. 그러다가 1680년 뉴턴이 증기를 분출시켜 그 반동으로 달리는 추력 자주차를 계획했으나 실현되지는 않다가 17세기 증기기관이 실용화된 이후 드디어 현재와 유사한 증기 자동차가 출현하게 되었다.

이처럼 탈 것의 역사는 기원전부터 시작되며 현재에 이르기까지 수많은 탈 것이 개발되었고 나라마다, 문명권마다 각각 다른 인터페이스의 탈 것이 출현한 바 있다. 인류의 문명은 탈 것을 빼고 논할 수 없다. 살아 있는 동물에 의한 것이든 현재와 같은 기계에 의한 것이든 모든 문명이 탈 것과 그 탈 것이 다니는 도로에 의해서 발달되어 왔다. 실크로드는 낙타라는 탈 것에 의해 길이 생기고 두 문명이 만나는 접점이 되었으며, 아메리카 대륙도 배라는 탈 것에 의해 미지의 문명이 발견된 것이라 할 수 있다. 도구의 발명 이후 인간의 탈 것은 살아 있는 말이나 낙타 등에서 자전거, 자동차, 기차 등으로 바뀌었고 이제는 비행기와 1인용 헬리콥터 등으로까지 발전했다.

자동차 디자인의 역사는 이같이 과학기술 발전사와 맥락을 함께 한다. 새로운 기술이나 재료, 가공기술 등의 개발은 디자인상에서도 커다란 진보를 이루게 했으며 디자인의 가치 창출에 있어서 과학은 필수적인 것이다.[94] 흔히 자동차는 모든 공학 분야의 집적체로 표현된다. 기계공학은 물론 화학, 전기, 전자, 정보공학, 인간공학, 물리학등의 지식이 결합되어 오늘날의 첨단 자동차들이 제조되고 있다. 인간은 바위가 굴러가는 것을 보고 수레바퀴를 만들었고, 우주선이나 항공기의 타이어까지 발명하게 되었다. 바퀴는 중세에 인간의 수고를 덜어준 가축의 노동력, 풍력 등을 발전시키는 데 중심적인 역할을 했다. 또한 산업 사회의 발전 과정에서도 핵심적인 역할을 담당했으며 가장 보편적으로 존재하는 기술 발전의 대명사로 통하고 있다. 가장 오래된 발명품인 바퀴의 현대적인 변종들은 대개 각 시대마다 이루어졌던 공학적인 활동의 결과물이다.[95] 바퀴의 발달사가 그야말로 자동차의 역사가 될 수도 있을 것이다.

그러나 디자인은 단지 과학에서 중요시되는 지식뿐만 아니라 상징적이고 은유적인 의미와 행동으로부터 파생된 직관적인 지식까지도 포함한다. 진취적인 사고방식, 건설적인 상상력, 그리고 새로운 것에 대한 끊임없는 탐구심, 실현능력 등이 요구되는 것이다.[96] 예를 들어 과학자들은 새와 물고기의 형태와 습성에서 배와 비행기의 원리를 찾아냈는데, 여기서 '자연의 원리'는 '과학'이고 이를 응용해서 '형태와 용도'를 진보시킨 매체는 '디자인'이라 할 수 있다. 이처럼 디자인은 과학 뿐만 아니라 경제, 경영 그리고 미술과도 연결되어 있다. 디자인을 용도(기능 또는 실용성)와 아름

94) 민경우(1995), 디자인의 이해, 미진사, p278.
95) 엘머 E. 루이스(2006), 테크놀로지의 걸작들, 생각의 나무, p36.
96) 민경우(1995), 디자인의 이해, 미진사, p47.

다움의 합일이라고 보면 그 기능이나 실용성의 극대화를 위해서는 인간을 위한 공학적이고 합리적인 사고가 필요하게 되는데 시대나 환경, 문화등의 변화는 디자인 문제를 더욱 복잡하게 만들어가고 있어 좀 더 포괄적이고 다차원적인 인식에로의 전환이 필요하게 되었다.[97]

아이패드와 아이폰을 만든 애플은 공학과 인문학, 기술과 예술, 상상과 현실을 하나로 융합시킨 기업이다. 자동차 또한 다양다기한 학문 분야가 접목된 융합의 장이 되어가고 있다. 자동차 디자인은 디자인을 넘어서 공학과 인문학, 사회학, 인지과학의 융합을 실현하고 있으며 생각과 이해를 넘어서 감성의 세계로 확장되어 새로운 산업을 창출하고 있다. 자동차에 접목되고 있는 새로운 과학기술들을 살펴보면 다음과 같다.

1) 인간의 오감을 인지하는 자동차

스마트폰의 등장으로 이제 손가락을 이용해 모바일 단말기를 조작하는 것은 아주 일반적인 현상이 되었다. 마찬가지로 차량의 내비게이션이나 DMB를 조작하기 위해 조그셔틀 버튼을 사용하는 인터페이스는 사라지고 햅틱(Haptic) 인터페이스가 차량에도 도입되기 시작했다. 나아가 인간의 시각, 청각, 촉각 등 오감과 인지 기능을 자극하여 실제와 같은 서비스를 제공하는 기술들도 차량에 접목되고 있다. 차에서 구현되는 인터넷은 기본이며 특정 정보 제공을 차량의 윈도를 통해 보여주는 HUD(Headup Display)도 이제 왠만한 국산 차량에 장착되어 있다. 인간의 왼쪽 눈과 오른쪽 눈으로 입력되는 영상에 차이를 두어 이를 두 눈으로 동시에 바라 볼 때 뇌에서 2개의 다른 영상

97) 임연웅(2000), 디자인 인간공학, 미진사, p13-14.

이 하나의 입체 영상으로 인식되도록 하는 기술을 구현한 3D 디스플레이도 곧 차량에 채택될 것이다. 나아가 실제 공간에 입체적인 빛을 쏘아 사물의 형태를 표현하는 Ambient and Glanceable Displays 이나 사물을 조작하는 행위를 통해 디지털 정보를 조작하는 인터페이스 기술인 Tangible User Interface 등도 자동차에 접목되고 있다.[98)]

2) 생체 인식 기술

생체인식은 살아있는 인간의 신체적, 행동학적 특징을 자동화된 장치로 측정하여 개인을 식별하는 학문 또는 기술이다. 생체인식에는 두 가지 방식이 있는데 하나는 지문, 얼굴, 홍채, 망막, 손바닥, 정맥, DNA 등 신체적 특징을 인식하는 방식이고, 또 하나는 음성, 성문, 필체, 서명, 키보드 입력 습관, 걸음 등 행동학적 특징을 인식하는 방법이다. 생체인식은 원래 공공시장 중심으로 형성되어 왔으나 이제 개인정보와 보안에 대한 인식이 확대되면서 사적 영역 및 산업 영역으로 확대되고 있다.[99)]

자동차에 접목된 생체 인식 기술의 경우 스마트키가 대표적이다. 차량 손잡이에 달린 지문인식기로 문이 열리고 시동이 걸리는 자동차, 차량에 내장된 마이크로 주인의 음성을 인식해 작동되는 자동차 등이 출시되고 있다.

98) 김정미 (2011), 미래사회 메가 트렌드로 본 10대 미래기술 전망, IT & Futher Stategy, 한국정보화진흥원.
99) 한승진 외 (2010), 스마트시대 핫 트렌드 33, 반디앤루니TM, p157.

3) 나노 기술

나노란 10억분의 1을 지칭하는 단어로 난쟁이를 뜻하는 희랍어 나노스(nanos)에서 유래했다. 나노기술은 모든 물질을 나노미터(10억분의 1미터) 크기인 원자와 분자 단위로 되면 원자, 분자 단위로 규명하고 제어하는 기술을 말한다.[100] 나노기술의 등장으로 과학과 상상력은 상반된 것이 아니라 상호보완적인 것이 되고 있다. 나노 분야에서는 상상력 없이는 새로운 가능성을 개발하기가 힘들다고 한다. 이제 미시세계가 거시세계를 바꾸고 있는 것이다.[101]

꿈의 나노소재라 불리는 '그래핀(Graphen)'은 '전도성'이 구리의 100배 이상이다. 얇은 두께에 투명하며 신축성이 뛰어나 휘거나 접을 수 있어서 모니터와 초고속 집적회로 IC 제품의 소재로 각광받고 있다. 이러한 나노소재의 등장으로 탄소나노튜브를 이용해 태양전지를 만들면 효율이 최고 20퍼센트 정도에 불과한 변화 효율을 40퍼센트 이상 올릴 수 있다[102]고 한다. 이러한 기술이 상용화되면 차량의 전반적인 구조나 외형이 획기적으로 바뀌게 될 것으로 예측된다. 예를 들어 나노 크기의 염료분자가 흡착된 차량의 외부 도장은 햇빛을 받으면 변화하는 카멜레온처럼 색상이 바뀔 수도 있을 것이다.

4) 세상을 연결하는 IT

클라우드 컴퓨팅 기술이 등장함에 따라 이제 자동차도 유비쿼터스 기기로 변모하고 있다. 다양한 네트워크 구축 기술과 통신 및 관리

---

100) 전상인 (2007), 한국2030, 에코리브르, 243쪽.
101) 허정아 (2011), 멈출 수 없는 상상의 유혹, 21세기북스 ,67쪽.
102) 중앙일보 중앙SUNDAY 미래탐사팀 지음 (2011), 10년후세상, 청림출판.

기술의 차량 적용, 그리고 인텔리전트 교통 시스템(ITS)의 접목을 통해 차량과 세상은 하나로 연결되어진다. 자동차 회사들은 과거에는 마이크로 소프트 같은 컴퓨터나 IT, 소프트웨어 회사들과 협업할 일이 없었지만 이제 현대자동차는 삼성전자, MS와 공동으로 자동차용 반도체와 OS개발 협력체제를 구축하고 있으며, SKT와 KT도 각각 르노삼성, 현대자동차와 차량통신 기술을 공동으로 추진하고 있다. 외국의 경우 MS와 Google도 포드 및 BMW와 제휴하여 무인운전 스마트카를 개발 중이다. 또한 자동차와 교통운영 인프라 간의 상호 네트워크를 통해 정보를 교환할 수 있는 Car-to-Infrastructure Communication 기술, 정부 주도의 교통문제나 과세 및 환경문제를 고려한 지능적 운송 솔루션 제공을 위한 자동차와 무선통신을 결합한 기술 및 서비스인 Public Telematics 기술등이 자동차와 세상을 신속하고 끊김없이 연결하게 될 것이다.

이상과 같은 자동차-공학기술의 융합은 첨단 IT신기술을 기반으로 자동차의 센서 및 전자장치가 지능적, 유기적으로 상호 작용하여 운전자의 안전 및 편의성을 증대시켜 최적의 운전환경을 제공한다. 막히지 않는 길을 알려주는 내비게이션, 사고방지를 위한 타이어 압력 감지 센서, 일정하게 앞차와의 거리와 속도를 유지하는 오토크루즈, 차선과 거리를 유지하는 레인 킵(lane keep), 탑승자의 위치에 맞게 에어백이 팽창하는 센서, 무인으로 조종되는 자동차는 이미 과거의 기술이 되고 있다. 미래의 자동차는 이러한 첨단 기술에 인간의 기분과 감정까지 이해하는 다양한 디자인이 반영된 기기로 변모할 것이다.

5. 제품디자인으로서의 자동차 디자인

자동차 디자인은 여러가지 물건을 의미하는 제품(Product) 디자인의 한 분야라고 할 수 있다. 사람은 도구나 제품의 소비 없이는 존재할 수 없으며 자동차 또한 그러한 필수품 중의 대표적인 물건의 하나다. 제품 디자인은 또다른 말로 산업디자인(Industrial Design)이라고도 한다. 현대 산업사회 속에서 생활하고 있는 우리는 인공적으로 만들어진 물건들 속에서 살아간다. 이같은 여러 가지 '물건'은 거의가 산업적으로 대량생산되고 있다. 그리고 이같은 '물건'을 만들 때 사용성·심미성 또는 생산시스템·경제적인 문제 등 온갖 관련 요소를 고려하면서 '물건'에 형(形)을 부여해 가는 작업을 산업디자인이나 제품디자인이라고 부른다.[103] 따라서 자동차 디자인 또한 제품디자인의 과정이라고 부를 수 있다.

제품 성공에 대한 디자인의 기여는 고부가 가치의 창출이라는 측면에서 중요하다. 값이 싼 기술이나 부품을 구입하여 디자인이 잘 된 상품을 만들어 냄으로써 부가가치를 높이는 것이 또한 디자인의 마력이라 할 수 있다. 예를 들어 아이폰은 물건이 팔린 수량에 비해 그 부가가치는 삼성의 스마트폰보다 훨씬 높은 것이 대표적이다. 이같은 제품디자인은 국민의 성숙한 의식과 고도의 소비시장, 미적 감각과 세분화된 라이프스타일 등 종합적인 문화의 성숙도를 반영하는 것이기 때문에 단기간 육성한다고 하루아침에 발달하지 않는다.

103) 임연웅(2001), 디자인 총론, 형설출판사, p59-60.

급격한 정보기술의 발달과 지식기반경제와 같은 새로운 흐름 속에서 타 분야와 마찬가지로 제품디자인 역시 새로운 패러다임의 변화를 맞이하고 있다. 산업시대에는 디자인의 대상이 하드웨어나 물질과 같은 가시적 제품에 국한되어 왔고 디자인의 내용은 외형적이고 표면적인 수준에 머물러 왔다. 그러나 지식 정보사회의 도래와 함께 비물질, 소프트웨어, 비가시적 가치 등이 중요한 요소로 떠오르면서 마케팅 중심의 디자인, 혹은 소비자 중심의 디자인으로 변화하고 있다.[104] 또한 눈에 보이는 특질보다 눈에 보이지 않는 특질에 보다 큰 관심을 기울임으로써 독창적인 제품을 만들고 있다. 오늘날에는 제품의 기능성은 숨겨지고 복잡성은 완화되고 있다.

또한 수송과 정보시스템의 기술적 발전은 제품의 경쟁력이 하나의 국가나 문화권에서 뿐만 아니라 글로벌하게 디자인해야 한다는 요구를 가져오고 있다. 문명의 발전은 또한 사람들의 제품에 대한 기대와 니즈(needs)를 점점 세련되게 높이고 있어 디자이너들은 갈수록 사물을 디자인함에 있어 다양한 지식과 기능, 미학적 가치를 혼합할 것을 요구받고 있다.

최근에는 제품의 경쟁력이 기업의 브랜드 가치에 따라 좌우되는 현상도 나타나고 있다. 이에 따라 디자인도 기업의 브랜드 가치를 높이는 경영활동의 일환으로 간주하기도 한다. 기업문화를 새롭게 창출하고, 이미지 제고를 통해 기업의 정체성을 확보하고자 하는 노력들도 디자인의 중요한 기능이 되어가고 있다.[105]

104) 문찬(2008), 눈에 보이는 제품디자인 눈에 안 보이는 제품디자인, 한성대학교 출판부, p20~021.
105) 이안재(2007), 디자인경영의 최근 동향과 시사점, 삼성경제연구소, 경제포커스 제125호

참고문헌

1. 김경배. 김성희. 이해묵 (2006), 유비쿼터스 컴퓨팅환경에서의 인터랙션디자인 방향에 관한 고찰, 기초조형학연구, 제7권 4호.
2. 김덕순 (2008) 공공시설의 버네큘러 디자인 적용성 연구, 커뮤니케이션디자인학연구 제26호.
3. 김미자, 에코패키지의 현황 및 최근 기술 동향(2010), Journal of Packaging Culture Design Research Vol. 27.
4. 김정미 (2011), 미래사회 메가 트렌드로 본 10대 미래기술 전망, IT & Futher Stategy, 한국정보화진흥원.
5. 김지윤 (2002), 사용편의성 향상을 위한 인터페이스 디자인의 구성 요소에 관한 연구, 시각디자인학연구 제10호.
6. 문찬(2008), 눈에 보이는 제품디자인 눈에 안 보이는 제품디자인, 한성대학교 출판부.
7. 민경우(1995), 디자인의 이해, 미진사, p278.
8. 안상락 (2010), 유니버셜 사인시스템의 관리방안, 한국일러스아트학회.
9. 이경아. 나건 (2011), 인터페이스의 의미와 특성 연구를 토대로 한 감성인터페이스디자인 개념모델에 관한 ,한국디자인문화학회 17권 2호.
10. 댄 새퍼 저. 이수인 역 (2008), 인터랙션 디자인, 에이콘출판사.
11. 엘머 E. 루이스(2006), 테크놀로지의 걸작들, 생각의 나무.
12. 이안재(2007), 디자인경영의 최근 동향과 시사점, 삼성경제연구소, 경제포커스 제125호.
13. 이혜주.이지연(2004), 20세기에 나타난 에코디자인의 개념적 특성에 관한 연구, 생활과학논집 제23집.
14. 임연웅(2001), 디자인 총론, 형설출판사.
15. 임연웅(2000), 디자인 인간공학, 미진사.
16. 전상인(2007), 한국2030, 에코리브르.
17. 정주연(2011), 에코디자인 패키지 평가툴 개발에 관한 연구, 디지털디자인학연구 통권 32호.

18. 중앙일보 중앙SUNDAY 미래탐사팀(2011), 10년후세상, 청림출판.
19. 한승진 외 (2010), 스마트시대 핫 트렌드 33, 반디앤루니TM.
20. 허정아 (2011), 멈출 수 없는 상상의 유혹, 21세기북스.
21. Wang Yongchao(1999), 녹색제품 원칙 탐색, 중국기계디자인출판사.

CHAPTER 6

자동차의 구조는 어떻게 되어 있는가?

1. 엔진
2. 타이어
3. 현가장치
4. 조향장치
5. 브레이크
6. 안전벨트
7. 에어백
8. ABS
9. ESP
10. 전기자동차
11. 하이브리드자동차

자동차는 엔진의 동력이 클러치와 변속기를 거쳐 구동륜으로 전달되어 바퀴가 굴러가게 된다. 그때 운전하는 사람의 의지대로 속도 조절이 될 수 있도록 가속 페달과 브레이크 페달이 있고, 원하는 방향으로 방향을 바꿀 수 있도록 하는 조향 장치가 있다. <그림 6-1>에 자동차의 대표적인 부품이 나타나있다. 차체는 운전자를 보호하는 기본적인 개념을 포함하여 디자인되어 있고, 범퍼, 엔진, 라디에이터, 변속기, 서스펜션, 시트, 타이어, 머플러, 프레임 등이 있다.

자동차는 크게 동력발생장치인 엔진과 차량의 성능을 결정하는 중요한 요소인 섀시시스템, 그리고 차체 등으로 구분할 수 있다. 자동차의 섀시시스템은 현가장치, 조향장치, 제동장치, 클러치, 변속기, 차축을 포함하는 동력전달장치 등으로 구성된다. 현가장치는 주행시 운전자가 편안함을 느끼고 안락함을 느낄 수 있도록 역할하며, 조향시에는 안정적인 조향성능이 발휘될 수 있도록 차체를 지탱해주는 장치이다.

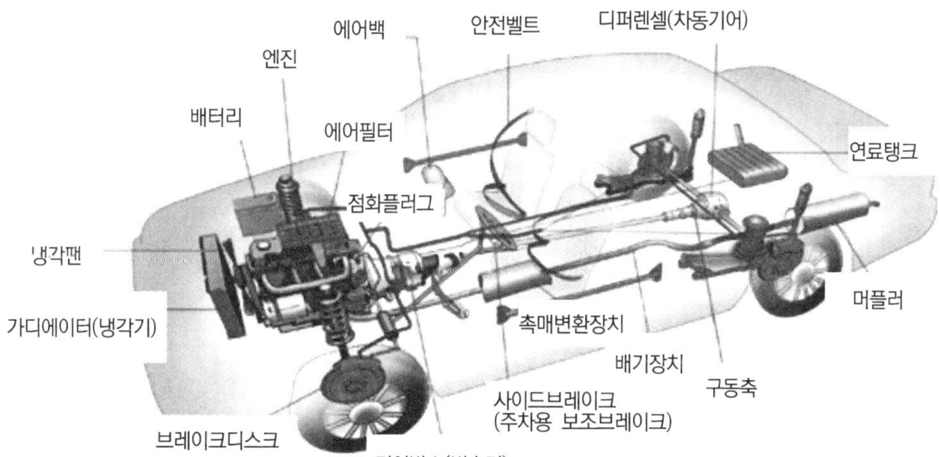

〈그림 6-1〉 자동차 구조 [출처:http://yoonseulki.egloos.com]

또한, 만일에 대비하여 안전장치가 있고, 운전자 및 승객을 위한 편의장치가 있다.

동력이 어떻게 전달되어 차가 굴러가는지, 운전자가 핸들을 돌리면 어떤 원리로 방향을 바꾸는지, 어떻게 차가 멈추는지를 알아본다. 또한, 우리를 보호하는 안전장치는 무엇이 있는지, 어떠한 편의장치가 있는지, 최신 자동차 기술인 하이브리드 자동차, 전기 자동차, 연료전지 자동차는 무엇인지 알아본다.

15~16세기 때 레오나르도 다 빈치가 스프링의 힘으로 달리는 3륜 자동차의 도면 제작을 한 이래로 많은 연구가 있어 왔다. 1784년 스코틀랜드인 James Watt가 증기동력차량을 제작하였고, 1839년에는 영국의 앤더슨(Anderson)이 전기 자동차를 제작하였다. 1876년 독일의 오토(Nikolaus.A.Otto)가 현재 사용되는 4사이클 엔진의 시초인 4사이클 가솔린 엔진을 개발하였고, 1881년 영국의 클라크(Dugald Clerk)가 2사이클 엔진을 개발하였다. 1885년 독일의 다임러(Gottieb Daimler)는 이와 같은 가솔린 엔진을 처음으로 자동차에 장착하여 주행하였고, 1886년 독일의 벤츠(Karl Benz)가 가솔린 엔진을 장착한 3륜 자동차를 제작하였다. 다임러와 벤츠 두 사람은 사상 처음으로 실용적인 가솔린기관을 완성했을 뿐만 아니라, 1926년 합병하여 회사명을 다임러-벤츠, 차의 명칭을 메르세데스 벤츠(Mercedes-Benz)라 하였고, 세계에서 가장 오래 된 자동차 제조회사이다. 1893년에는 독일의 디젤(Rudolf Diesel)이 디젤엔진을 발명하여 특허를 획득하였으며, 1908년 Henry Ford가 Model T를 개발하여 자동차의 대량생산이 시작되었다. 국내에서는 1963년 승용차 신성호의 생산을 시초로 하여 각 메이커 별로 다양한 차종이 만들어지고 현재는 세계 각국으로 수출하기까지 이르렀다.

1. 엔진

바퀴가 굴러가서 차가 진행한다는 것은 운동이 발생하는 것이고, 운동이 일어나기 위해서는 그만한 에너지가 든다. 이 에너지를 운동에너지라고 부른다. 자동차에서는 움직이기 위한 운동에너지를 엔진으로부터 공급받는다. 차가 움직이기 위해서는 주유소에서 휘발유나, 경유, 혹은 LPG를 주입해주어야 한다. 그럼, 이 기름을 어떻게 사용하여 운동에너지를 만들까?

공기와 함께 휘발유를 엔진 속에 주입한 다음 압축시켜서 스파크로 점화를 일으키면 공기와 기름이 혼합된 혼합가스는 폭발하게 된다. 연소에 의해 발생되는 폭발력을 이용하여 운동에너지를 얻게 된다.

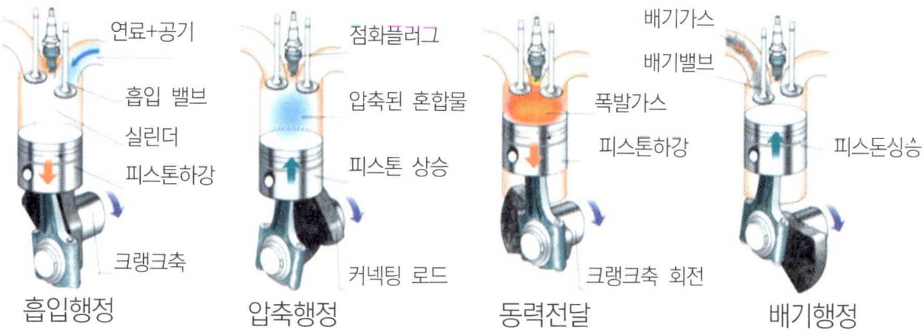

〈그림 6-2〉 엔진 사이클. [출처〈http://yoonseulki.egloos.com]

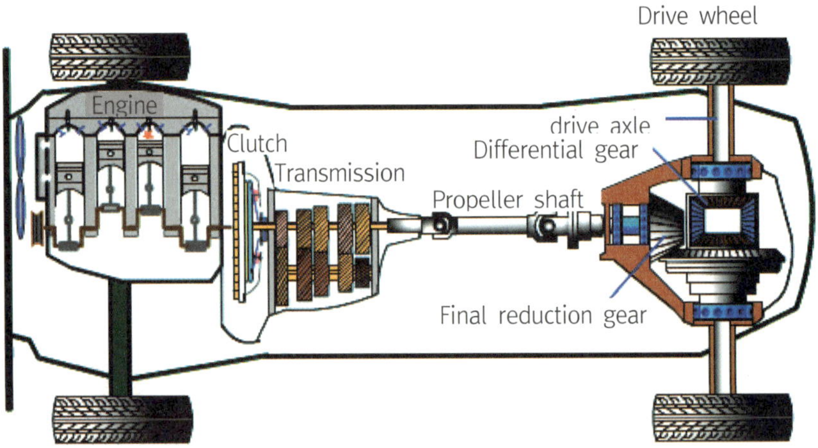

〈그림 6-3〉 Front engine rear drive 동력전달계. [출처 http://jwkang7.wo.to]

시동을 걸면, 고속으로 크랭크 축이 돌게 되는데, 우리는 차안의 계기 패널을 통해 엔진 RPM을 볼 수 있다. 엔진 RPM이란, 엔진 크랭크 축의 분당 회전수를 의미하는 것으로 2000 RPM이란 엔진의 크랭크 축이 1분에 2000번 회전 한다는 뜻이다.

그럼, 여기서 한 가지 의문이 든다. 고속으로 회전하는 크랭크 축을 바로 타이어에 연결하면, 시동이 켜지자마자 차는 급속하게 앞으로 튀어 갈 것이다. 따라서 엔진 크랭크 축의 회전속도를 조절할 필요가 있다. 차가 부드럽게 천천히 스타트하여 점점 고속으로 진행할 수 있도록 속도를 조절해주는 장치가 변속기이다. 변속기에는 자동변속기(automatic transmission)와 수동변속기(manual transmission)가 있다. 우리가 흔히, 오토와 스틱으로 부르는 데, 스틱은 틀린 영어표현으로 수동변속기의 변속레버를 의미하는 말입니다.

보통 4사이클 가솔린 엔진의 경우, 흡입-압축-폭발-배기 라는 과정을 거치는데, 엔진 연소실내의 실린더가 폭발에 의해 움직이면서 연결된 크랭크 축을 돌리게 된다. 그러면, 크랭크 축의 회전력이 동력전달장치를 통해 전달되어 타이어를 돌리게 된다.

마력(Horse Force)은 말 한 마리가 낼 수 있는 힘을 의미한다. 마력이라는 용어는 영국에서 제임스 와트의 증기기관 성능을 재기 위해 생긴 용어이다. 정확한 정의를 보면 1마력이란 '1765년 영국산 말 한 마리의 힘' 이라고 정의한다.

미터법을 사용하는 국가의 1마력은 약 735.5 W가 된다. 자동차에서 250마력이라고 한다고 해서 250마리의 말이 끌어주는 것과 동등한 힘이라고 할 수는 없다. 마력 수치는 엔진에서 나오는 것이고 엔진 동력이 100% 바퀴로 전달돼 차가 움직이는 것은 아니기 때문이다. 자동차에서는 엔진의 힘을 '최대출력 270 ps, 6,500 rpm' 로 표기 한다. 이를 해석하면 앞서 설명한 미터법 기준의 270마력이 엔진에서 나오려면 엔진의 회전수가 6,500 rpm 일 때 가능하다는 말이다. 마력과 토크를 좀 더 세분화해

〈그림 6-4〉 현대자동차 YF쏘나타 2.4 엔진,
[출처 : http://www.hyundai.com]

서 비교하면 마력은 시간당 일을 할 수 있는 능력이고 토크는 차축을 돌리는 힘이다.

따라서 토크가 높은 디젤차의 힘이 강하게 느껴진다. 마력이 높더라도 그 힘이 나오는 엔진 회전수가 2,000~3,000 rpm처럼 평소 사용하는 구간이면 효율적이지만 엔진 회전수가 6,000~7,000 rpm처럼 높으면 높은 마력의 의미가 퇴색된다.

또 토크가 높으면 최고속도에 도달하는 시간이 빨라진다. 하지만 마력과 토크만으로 차를 평가할 수는 없다. 이론적으로는 마력과 토크의 수치가 자동차에 중요한 요소지만 차의 무게, 중량배분, 부품의 성능 등 다양한 고려요소가 작용하기 때문이다.

2. 타이어

미국 코네티컷주에서 가업을 이어받아 철물점을 운영하고 있던 찰스 굿이어(Charles Goodyear)는 1839년, 손님을 만나느라 방을 비운 사이 난로 위에 올려놓은 천연고무를 태워 버렸다. 남은 것은 숯처럼 변해버린 까만 고무 뿐이었다. 하지만, 찰스 굿이어는 곧 탄성을 지른다. 찰스 굿이어는 타고 남은 고무에서 유황을 섞은 고무를 태우면 탄성과 강성이 뛰어난 물질로 바뀐다는 사실을 알게 되었다.

원래 고무로 된 자동차 바퀴는 말 그대로 고무바퀴라는 뜻으로 '러버 휠(Rubber Wheel)'이라고 불렀다. 1903년, 찰스 굿이어가 고무로 만든 바퀴의 새로운 이름에 대해서 고민을 하던 중, 어린 아들이"아빠, 자동차 부품 중에서 가장 피로한(tired)게 바퀴 같아요." 라는 말에 '러버 휠'은 이때부터 '타이어'로 불리게 된 것이다.

타이어는 휠의 림에 끼워져 일체로 회전하며 도로 면으로부터의 충격을 흡수하고 또 도로 면과 점착하여 자동차의 구동력이나 제동을 가능하게 한다. 이런 타이어에는 두 가지가 종류가 있다. 속에도 고무로 꽉 채워진 통고무타이어와 고무 속에 공기로 채워진 공기압타이어가 있다. 통고무타이어에서 승차감이 더 좋은 공기압타이어는 어떻게 만들게 되었을까?

1888년, 스코틀랜드 출신의 수의사 존 보이드 던롭(John Boyd Dunlop)의 아들은 평소에 삼륜자전거 타는 것을 좋아했다. 아들은 작은 돌멩이에만 부딪쳐도 안정을 유지하지 못하고 자꾸 자전거에서 떨어졌다. 충격을 제대로 흡수하지 못하는 딱딱한 통고무로 만들어진 자전거의 바퀴 때문이었다. 던롭은 자전거의 바퀴가 제대로 충격을 흡수할 방법을 고민하다가, 쪼글쪼글해진 축구공도 공기를 넣으면 탄력이 좋아지는 데 착안하여, 얇고 기다란 고무판의 양쪽 가장자리를 붙여서 튜브를 만들고 그 속에 공기를 집어넣어 원모양을 만들어서 자전거 바퀴에 둘렀다. 이것이 오늘날, 타이어 속의 공기가 충격을 흡수하면서 승차감을 향상 시켜 준 공기타이어의 시초였다.

길을 지나가다가 멈춰 서 있는 자동차의 타이어를 한 번 유심히 보게 되면, 타이어의 여러 가지 숫자가 표기되어 있는 것을 볼 수 있다. 각각의 숫자가 무엇을 의미할까?

〈그림 6-5〉 넥센타이어 겨울용 UHP 타이어.
{출처 : http://www.nexentire.com]

자동차 타이어 규격 표기 방법					
1. 205	→	타이어 단면폭[접지면]	5. 88	→	타이어 1개당 하중치수
2. 55	→	타이어 높이[편평비]	6. V	→	스피드 심볼
3. R	→	타이어 레디얼 구조	7.XGTV	→	타이어 모델명
4. 16	→	타이어가운데 휠(Wheel)지름			
note : 일부 타이어 사이즈 표기 중에 앞에 P-205/65RF16으로 표기하는데 여기서 P는 승용차용 타이어를 표시함					

- 승용타이어표기법

승용차타이어표시 편평비(%) 림외경(인치) 속도기호

P 205 / 60 R 15 91 H

단면폭(mm) 래디얼구조 하중기호

- S : 180Km/h
- T : 190Km/h
- U : 200Km/h
- H : 210Km/h
- V : 240Km/h
- Z : 240이상
- W : 270이하
- Y : 300이하

→ 예1) 승용차용 표기법(유럽지역)

215 / 45 R 17 87 W

- W — 속도기호
- 87 — 하중치수
- 17 — 림외경(17인치)
- R — 래디얼 구조
- 45 — 편평비(45%)
- 215 — 단면폭(215mm)

- RV타이어표기법

31 × 10.50 R 15 6PR

- 6PR — 하중치수
- 15 — 림외경(인치)
- R — 래디얼 구조
- 10.50 — 단면폭(인치)
- 31 — 타이어외경

〈그림 6-6〉 타이어의 호칭과 규격, [출처: 미쉐린 타이어 http://www.michelin.co.kr]

R은 타이어의 내부구조의 종류를 말한다. 래디얼(Radial) 과 바이어스(Bias) 가 있다. 그 다음의 15는 휠 외경(inch)를 뜻하고 91은 타이어 하나가 지탱할 수 있는 무게(kg)를 말한다. 마지막으로 알파벳 H 는 S부터 Y 까지가 있는데 타이어가 견딜 수 있는 자동차의 최고속도를 말한다. 180 km/h부터 300 km/h 이상까지를 나타내어준다.

3. 현가장치(suspension)

차체와 타이어를 연결하면서, 노면 요철에 의하여 차체로 전달되는 충격을 완화시키고 차체의 움직임을 적절하게 조절하여 승차감을 향상시킬 필요가 있고, 차량에 내외력(구동, 제동, 선회)이 작용하는 경우 운전자의 의지대로 차량이 제어 가능토록 하여 조종안정성을 향상시킬 필요가 있다. 그런 역할을 해주는 것이 자동차에서는 현가장치라고 한다.

자동차공학에서는 서스펜션(suspension)이라고도 주로 부르기도 한다. 자동차의 무게를 받쳐주며 완충역할을 하는 현가장치의 구비 조건으로써는 노면에서 받는 충격을 완화하기 위해 상하 방향의 연결이 유연해야 하며, 바퀴에 생기는 구동력, 제동력, 원심력에 견딜 수 있도록 수평방향의 연결이 견고해야 한다. 현가장치는 충격을 흡수하는 현가스프링과 진동을 흡수하는 쇽업쇼버(Shock absorber), 그리고 바퀴와 차체를 연결하는 링크등으로 구성되어 있다.

현가장치는 크게 일체차축식과 독립식으로 나눠진다. 일체식 차축방식을 사용하는 경우는 승용차의 후륜현가장치와 화물자동차 및 대형자동차이다. 좌우 바퀴가 한 개의 축에 일체형으로 연결되어 있어서 좌우가 한 덩어리로 움직이게 된다. 독립식 현가장치는 승용차의 전륜현가장치에 주로 사용되는데, 설치공간이 작고, 무게가 가벼우며, 좌우차륜이 서로 독립적이다.

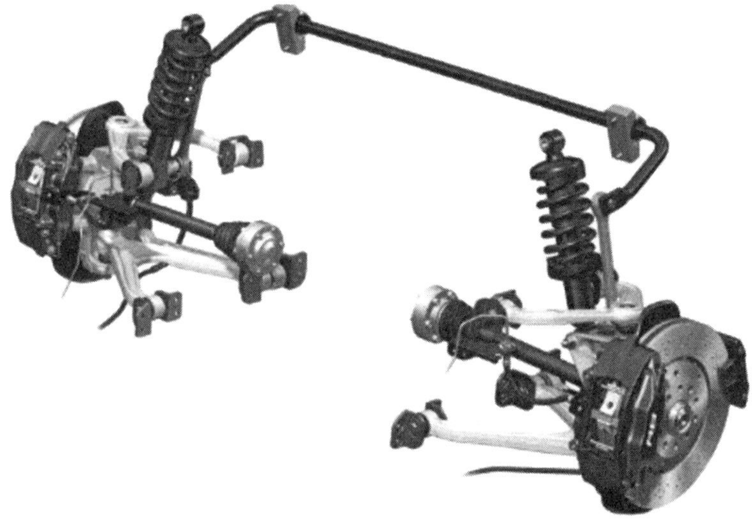

〈그림 6-7〉 위시본형 독립현가장치.[출처 : http://www.audi.co.kr]

〈그림 6-8〉 맥퍼슨스트럿형 독립현가장치.
[출처: 자동차생활, (2011년 02월호)]

요즘 자동차에 주로 쓰는 독립식 현가장치에는 두 가지가 있는데, 그 중 더블위시본 (double wishbone : wishbone 이란 닭이나 오리의 목과 가슴 사이의 Y자형 모양의 뼈를 말하는데 이것의 양끝을 두 사람이 잡고 서로 잡아당겨 긴 쪽을 갖게 된 사람이 소원을 빌면 이루어진다고 하여 wishbone 이라 한다.) 현가장치는 2개의 암이 동시에 바퀴를 지지하므로 설계가 자유롭고 형태나 배치 방식에 따라 바퀴자세(휠얼라이먼트, wheel alignment) 변화나 차량의 자세를 자유롭게 조절할 수 있으며, 강성과 내구성, 조종 안정성이 모두 높아 안정성을 중시하는 고급 승용차나 경주용 차량에 많이 쓰인다. 그러나 다른 형식에 비해 구조가 복잡하여 가격이 비싸고 공간도 많이 차지하는 것이 단점이다.

맥퍼슨 스트럿(Macphershon Strut) 형식은 쇽업쇼버를 내장한 스트럿 위에 스프링을 얹은 구조의 독립식 서스펜션을 말한다. 차체의 바닥 위치에서 2개의 암 또는 A형 암을 가로방향으로 바퀴에 장치하는 한편 대형 스트럿 탬퍼를 차체 상단에서 바퀴쪽에 장치하여 바퀴를 지지하는 방식이다.

4. 조향 장치

운전자가 운전석에서 잡는 부위를 흔히 핸들이라고 부르지만, 그건 잘못된 표현이며, 정확한 용어는 스티어링 휠(steering wheel) 이다. 조향휠을 돌리면 어떤 원리로 자동차의 바퀴가 틀어질까?

운전대를 돌리면 조향축(steering shaft)이 돌고, 조향기어박스에 있는 피니언 기어가 회전하면 연결된 래크 기어가 수평방향으로 움직이게 되다. 그러면, 연결된 타이로드가 움직이게 된다. 타이로드는 너클에 연결되어 있고 너클에 타이어가 연결되어 있다. 따라서 타이로드가 당기거나 밀게 되면 너클의 회전이 발생하여 바퀴의 조향이 이루어진다.

운전자가 조향휠을 돌릴 때 정지 상태에서 돌리면, 많은 힘이 든다. 이는 차량이 정지해 있을 때, 최대 정지마찰력을 이겨야 하기 때문이다.

운전자의 의지대로 조향이 부드럽게 하기 위해, 조향보조 장치가 사용되는데, 유압식과 전기식, 하이브리드식 등이 이용된다. 현재까지 가장 많이 이용되고 있는 장치는 유압동력조향장치(Hydraulic power steering system) 이다. 조향 휠을 돌리면 제어밸브가 열리게 되고, 오일펌프로부터 나온 오일이 흘러가면서 유압에 의해 피니언기어가 회전하게 되어 래크기어를 움직여준다. 빠져나간 오일은 오일리저버로 되돌아온다.

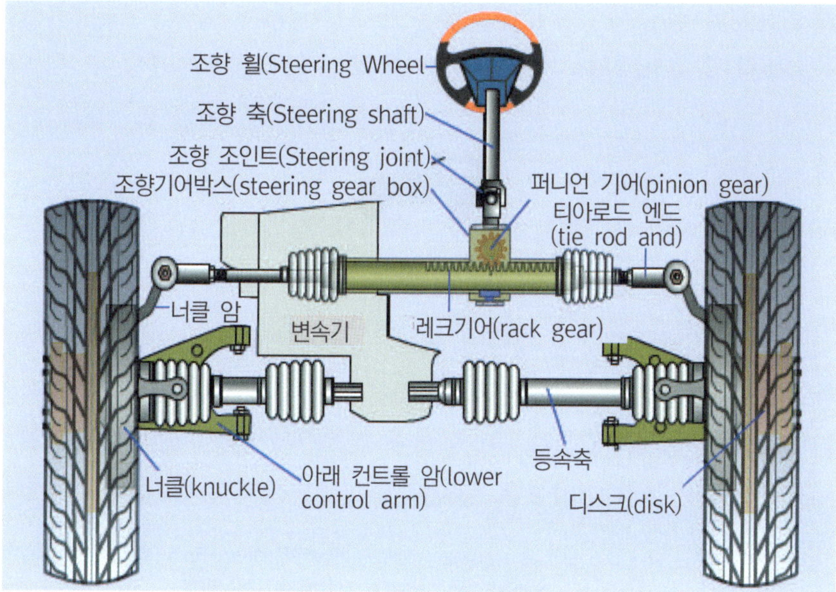

〈그림 6-9〉 조향장치. [출처 http://jwkang7.wo.to]

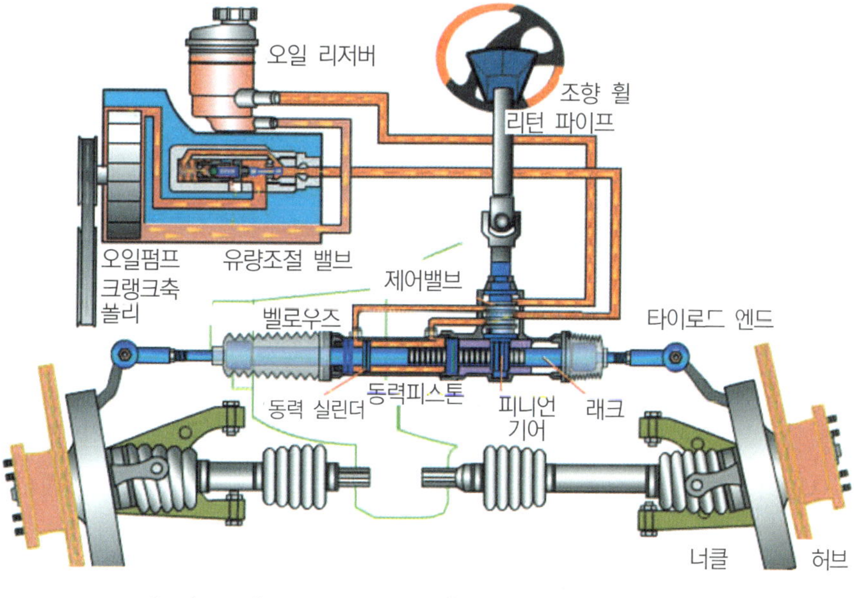

〈그림 6-10〉 유압동력조향장치. [출처 http://jwkang7.wo.to]]

5. 브레이크

일반적으로 제동장치는 차량이 가진 운동에너지를 마찰에 의한 열에너지로 변환시키는 것이다. 제동력은 타이어와 노면 사이의 마찰력에 의해 결정된다. 제동장치는 멈춰있는 물체에 회전하는 판을 접촉하여 회전하는 판을 멈추게 하는 시스템이다.

운전자가 브레이크 페달을 밟게 되면, 부스터에서 답력을 키워서 피스톤을 움직이게 되고, 캘리퍼 패드를 조이게 되어 디스크와 캘리퍼 패드가 마찰을 일으켜서 속도가 줄어들게 된다. 디스크가 회전할 때 패드가 디스크를 물듯이 조여주면 마찰력이 생겨 바퀴의 회전속도가 줄어든다.

이때 많은 열이 발생하게 되고 열은 대부분 대기 중으로 빠져나가고 일부는 바퀴의 휠을 통해 빠져 나가게 된다.

운전자와 탑승자의 안전을 지켜주는 자동차 안전장치들과 그 속에 숨은 과학의 원리는 어떤 것들이 있을까?

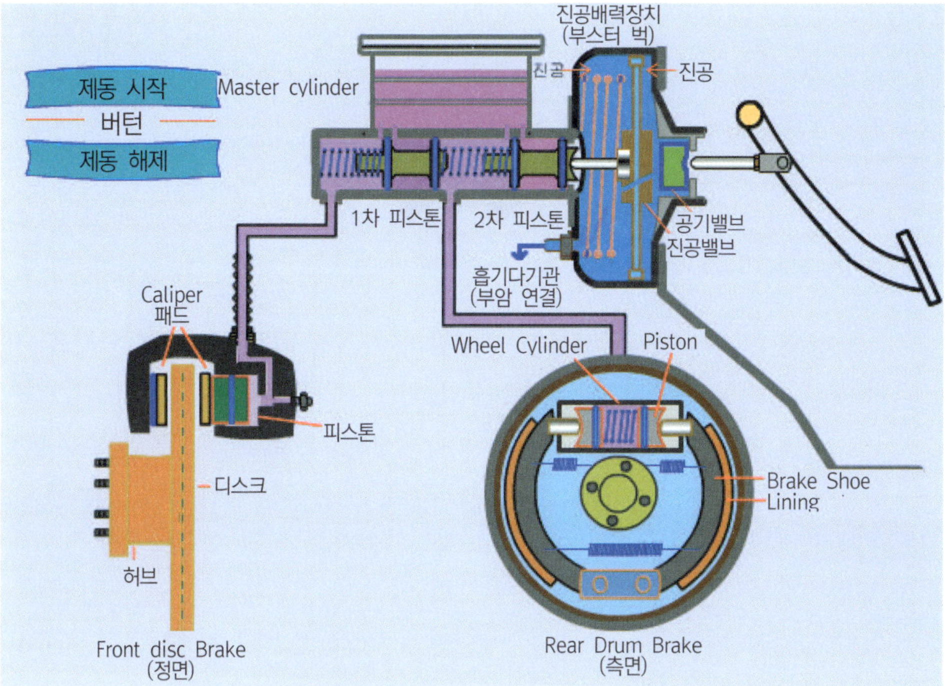

〈그림 6-11〉 유압진공배력식 브레이크. [출처 http://jwkang7.wo.to]]

6. 안전벨트

1886년 세계 최초의 자동차가 개발되어 자동차는 120년의 역사를 자랑하고 있지만 3점식 안전벨트가 도입된 것은 1959년이 되어서이다. 1913년에 독일의 칼 고타가 전투기가 회전할 때 조종사의 몸을 전투기에 밀착시키기 위해 만든 벨트 형식이 최초의 안전벨트이다. 세계 최초의 자동차가 개발되고서도 한참동안이나 자동차에서는 안전벨트의 필요성은 없었다. 그만큼 자동차의 속도가 빠르지 않아서 운전자의 안전을 위협하는 일이 없었기 때문이다. 그러나 1935년 독일의 자동차 전용도로인 아우토반이 건설되면서 자동차 레이스에 관심이 생겨나면서 점점 속도가 빠른 자동차가 개발되었다.

1936년 스웨덴의 볼보직원이 아우토반을 달리면서 안전을 위해 2점식(벨트를 고정시키는 부분이 두 군데 임을 뜻한다.) 안전벨트를 장착한 것이 최초의 자동차 안전벨트이다. 1946년 미국 캘리포니아 헌팅턴 메모리얼 병원의 헌터 쉘든 박사는 자동차 사고로 병원을 찾는 환자들의 부상을 관찰했다. 관찰 결과, 환자들은 머리나 가슴에 충격을 받았고 그로 인해 목숨을 잃거나 심각한 부상을 입었다고 생각했다. 그래서 머리와 가슴을 보호하면서 차에서 사람이 튕겨나가지 않게 하는 지금의 3점식 안전벨트를 개발한 것이다.

이러한 안전벨트가 자동차가 고속으로 달릴 때나 자동차가 충돌했을 때 어떻게 사람을 보호해줄까?

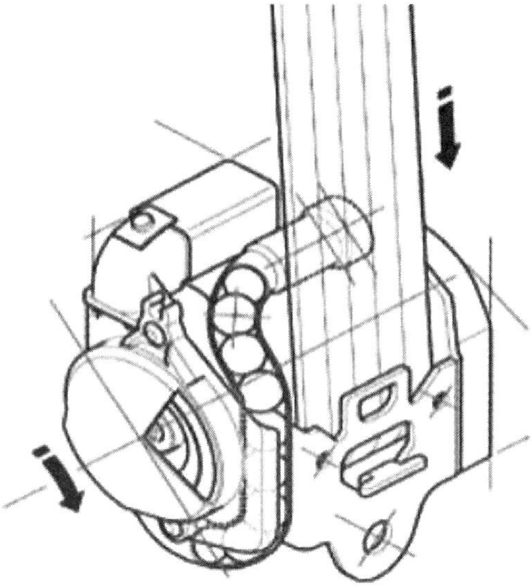

〈그림 6-12〉 프리텐서너(Pre-tensioner),
[출처 : 최영운의 드라이빙 콰트로 http://cafe.naver.com/drivingquattro]

자동차의 안전벨트를 고정시키는 버클 아래쪽에는 〈그림 6-12〉와 같이 무거운 추로 연결되어 있다. 따라서 자동차가 빠른 속도로 달리다가 충돌을 하여 갑자기 멈출 때, 무거운 추는 빠른 속도로 달리던 관성 때문에 자동차가 충돌하여 멈춰도 〈그림 6-12〉에서처럼 계속 앞으로 가려고 한다. 그 때문에 무거운 추에 달려있는 플라스틱 막대가 안전벨트와 연결된 톱니바퀴에 걸리면서 벨트가 더 이상 풀어지지 않도록 하여, 자동차가 충돌할 때 사람이 앞으로 튕겨나가는 것을 안전벨트가 잡아주게 되는 것이다.

그러나 반대로, 이런 안전벨트에는 작은 단점이 하나 있다. 튕겨나가려는 사람을 잡아주다 보니까 잡아주는 안전벨트의 힘이 오히려 사람의 흉부에 부상을 입히는 경우도 있다. 이것을 보완하기 위해서 생겨난 것이 프리텐서너(Pre-tensioner) 라는 장치이다. 뜻 그대로 미리 줄에 장력을 주는 장치이다. 안전벨트의 벨트 아랫부분에 연결되어 있는 프리텐서너 속에는 감속을 감지하는 센서가 있다. 이 센서가 자동차가 충돌하기 전에 속도가 점차 줄어드는 것을 감지하여 프리텐서너 속에서 0.016초 만에 가스 발생기를 작동시키고 이 가스 발생기가 프리텐서너 속의 부품을 피스톤 운동을 하게 한다.

이 힘으로 안전벨트가 반대방향으로 미리 감겨 안전벨트의 압박으로 인한 부상을 방지해 준다. 단순한 벨트로만 생각했던 자동차의 안전벨트 속에도 이렇게 많은 과학의 원리가 숨겨져 있다. 나의 안전을 위해 많은 과학의 원리가 동원 된 안전벨트를 생각하면서 안전벨트 착용을 해보는 건 어떨까?

7. 에어백

에어백의 정확한 명칭은 SRS 라고도 한다. Supplemental Restraint System, 즉 안전벨트의 보조용 구속 장치라는 의미인데 이것은 안전벨트를 꼭 착용해야지 보호 효과를 볼 수 있다는 의미이기도 하다. 에어백은 충격감지시스템과 에어백이 터지도록 하는 기체 팽창장치, 기체가 들어가서 부풀어 오르는 에어백으로 구성되어있다. 충격감지시스템은 충돌센서와 전자센서 두 부분으로 되어 있으며, 차가 일정속도 이상으로 충돌하는 순간 충돌센서의 롤러는 관성의 법칙에 따라 앞쪽으로 구르면서 스위치를 누르게 된다.

이때 회로에 전류가 흘러 가스 발생장치에 폭발이 일어나게 한다. 이때까지 걸리는 시간은 약 0.01초이다. 점화가 되면 질소 가스가 발생하여 에어백 안으로 순식간에 들어간다. 가스 발생장치의 작동과 함께 에어백을 잘 접어 넣어둔 용기가 안전히 부풀기까지는 약 0.05초 이내의 시간이 걸린다. 에어백에 담기는 질소가스의 양은 약 60 L로 많은 기체가 공기자루에 들어가 충격을 완화시켜줌으로써 1차적 충돌에서 오는 치명적 부상을 피할 수 있게 해준다.

물체가 어딘가에 충돌하여 깨지고 부서지도록 하는 힘을 물리적으로'충격력'이라는 값으로 나타낼 수 있다.

충격량 = 물체의 질량 X 물체의 속도의 변화량

'충격량'은 물체의 질량에 물체의 속도변화량을 곱한 것으로 충돌하는 동안 정해지는 값이다. 이때 물체가 깨지거나 부서지는 힘, 즉 충격력이 적게 작용하도록 하기 위해서는 충돌하는데 걸리는 시간을 길게 해주면 된다. 따라서 푹신한 이불에 계란이 떨어지면 딱딱한 바닥에 닿기까지의 시간을 길게 해줌으로써 충격력을 줄여 계란이 안전한 것이다. 공기가 잔뜩 든 푹신한 에어백을 자동차의 안전장치로 사용하는 이유도 이 때문이다.

에어백은 자동차의 정면에서 좌우 30도 이내의 각도에서 자동차의 속도변화량이 약 20~30 km/h 이상일 때 작동하도록 되어있다.

8. ABS(anti-lock brake system)

ABS는 자동차가 급제동할 때 바퀴가 잠기는 현상을 방지하기 위해 개발된 특수 브레이크로써, 이 시스템은 주행하는 노면이 빙판, 빗물 등으로 악조건이 생기더라도 완전 록(lock) 시키지 않음으로써 핸들의 조절을 가능하게 하면서 가능한 최단거리로 차량을 정지시킬 수 있게 하는 시스템이다. ABS시스템의 브레이크액은 각 바퀴별로 노면의 조건에 따라 달라지므로 바퀴의 미끄러짐을 방지하여 핸들의 조향성능을 최대한 유지하면서 바퀴가 미끄러지기 직전의 상태로 각 바퀴의 제동을 ON·OFF로 제어하는 것이다.

바퀴를 제동할 때 잠기지 않도록 쉴 새 없이 잡았다 놨다를 계속하는 펌핑을 하는 것은 마치 사람이 열심히 발로 브레이크를 밟았다 놓기를 반복하는 것과 마찬가지다. ABS는 1초에 이런 반복동작을 무례 10차례 이상을 한다. ABS는 바퀴마다 스피드 센시를 설치하고 여기서 들어오는 정보를 분석, 만일 한쪽 바퀴가 잠기면 그 바퀴만 펌핑을 해줘 네 바퀴의 접지력이 동일하도록 만들어준다.

9. ESP(electronic stability program)

ESP는 ABS(Anti-lock Brake System)과 TCS(Traction Control System) 계통을 통합 제어하여 차량의 안정성을 꾀하는 장치이다. TCS(Traction Control System)은 미끄러운 노면 상태로 발생한 타이어 스핀이나 타이어 펑크로 인해 좌우 바퀴의 회전수에 차이가 발생할 경우 타이어의 공회전을 억제하여 미끄러짐을 방지하는 장치이다. ESP는 차량이 좌우로 미끄러지는 것을 방지하는 수단으로 널리 쓰인다. 스티어링 휠의 상태를 분석하여 운전자가 가고자 하는 진행 방향과 차량의 실제 진행 방향을 비교한 뒤 일치하지 않을 때, 차량의 진행 방향을 조정한다.

구동 중일 때 바퀴가 미끄러지는 것을 적절히 조절하는 TCS, ABS, EBD, 자동감속제어, Yaw Moment 제어(한쪽으로 쏠리는 것을 막는 자세제어)가 포함된다. 사고 발생 뒤에 작동하여 탑승자의 안전을 꾀하는 수동적 안전시스템과는 달리 사고 발생 전에 작동하여 사고 자체를 미연에 방지하는 능동적 안전 시스템이다. 1초당 25회씩 운전자의 스티어링 휠 조작을 체크하며, ESP(ESC)용 센서가 위험 신호를 보내면, 마이크로컴퓨터에 의해 자동으로 각 바퀴에 적절한 브레이크 압력을 가하거나 엔진토크를 떨어뜨리고 자동변속기를 변속하여 차량의 상태를 수정한다.

10. 전기자동차

1842년에 R.데이비드슨이라는 스코틀랜드사람이 충전할 수 없는 전지로 자동차를 움직였다는 기록이 있으며 급속히 보급된 것은 1865년 G.플랑테가 축전지를 발명한 후 부터이다. 전기 자동차가 많이 보급된 곳은 미국인데, 그 이유는 G.B.셀덴이 1895년에 가솔린자동차의 근본에 대한 특허를 얻었기 때문이라 한다.

전기자동차의 구성은 에너지저장을 위한 전기배터리, 모터 와 제어기로 이루어져있다. 배터리는 전기에너지를 저장하고 있는 장치로서 플러그를 통하여 충전하는 방식이 있고 배터리 자체를 교환해주는 방식이 있다.

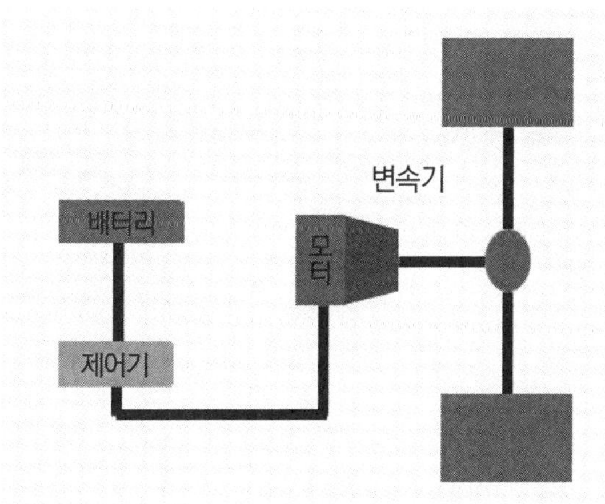

〈그림 6-13〉 전기자동차의 연결도

플러그를 통해 충전해주는 방식은 급속 충전을 하더라도 15~30분정도 시간이 오래 걸리는 단점이 있다. 배터리 교환방식은 시간과 비용 절약할 수 있다는 장점이 있다. 하지만 성능 보증이 어렵다는 단점이 있다.

현재 덴마크와 호주, 미국의 캘리포니아, 하와이에서 실행하고 있으며 일본의 택시와 이스라엘에서는 검토 중이다. 제어기는 모터로 공급되는 전력을 제어하므로 전후방향으로 자동차의 속도를 제어할 수 있게 한다. 마찰이 없는 제동을 구현하고 에너지를 회수하기 위해서 회생제동 방식을 채택한다. 회생제동은 모터를 발전기로 만들어서 운동에너지를 전기에너지로 변환해서 전력을 회수해 제동력을 발휘하는 제동 방법이다.

11. 하이브리드 자동차

최초의 하이브리드 자동차는 1899년에 포르쉐를 만든 페르디난드 포르쉐 박사에 의해 만들어졌다. 포르쉐 박사의 하이브리드차는 '믹스테(MIXTE)'로 프랑스어로 '혼합된'이란 뜻의 자동차이다. 믹스테는 4륜구동 차량이며 각각의 바퀴에 독립된 전기모터를 장착해 독립적인 힘을 바퀴에 전달하였다.

하이브리드 전기자동차의 시스템은 모터, 제너레이터, 유성기어의 조합으로 구성된 전자식 무단 변속기구에 가솔린엔진을 결합한 동력계 구조를 가지며, 전기동력계의 구동을 위한 전기에너지 저장장치로 하이브리드용 배터리 및 차량 보조기 작동 및 보조 배터리의 충전을 위한 DC변환기를 갖추고 있다.

정차시에는 엔진을 자동으로 정지시켜 차량 공회전에서 발생하는 불필요한 연료소비 및 배출가스 발생을 차단하며 차량 출발, 가속 및 급가속 등에는 엔진에 걸리는 부하를 모터가 엔진을 보조하여 동력 지원하여 부하를 분산시켜준다.

차량이 저/중속 및 고속 정속주행시에는 엔진의 동력만으로 차량을 구동한다. 감속 및 제동시에는 버려지는 운동에너지를 모터를 통해 전기에너지로 변환, 배터리에 충전시켜준다. 차량은 주행시 ECU가 판단하여 각각에 맞는 동력을 선택하여 불필요한 연료소비와 배출가스를 차단시켜준다.

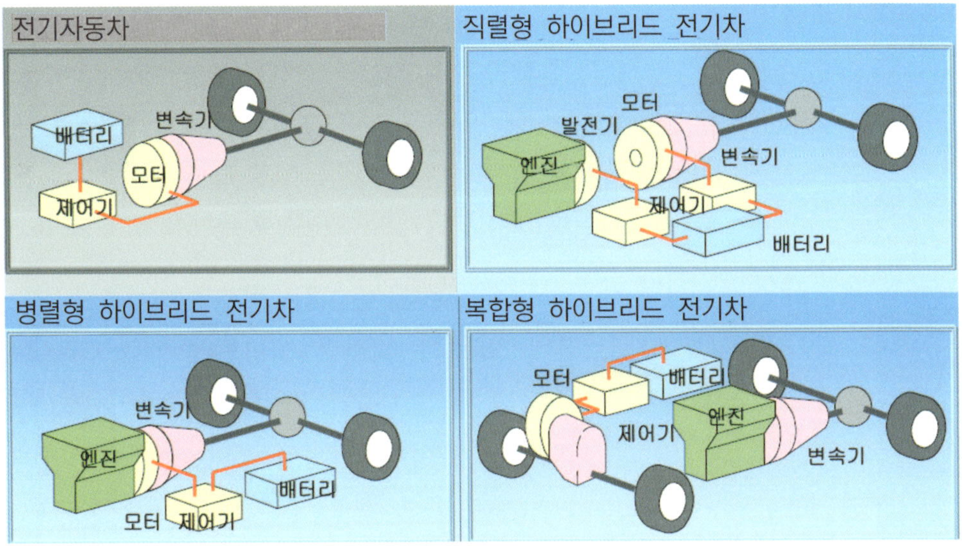

〈그림 6-14〉 하이브리드 자동차,
[출처: 미래형자동차 종합 기본계획 세미나 by KATECH 미래형자동차 사업단(May 24, 2004)]

1700년대 후반 증기기관을 적용한 수송장치가 발명되면서 열에너지를 변환하여 동력원으로 사용하는 자동차가 최초로 등장하였다. 현재와 같은 개념의 내연기관은 1876년에 발명된 니콜라스 A 오토(Nicolaus A. Otto)의 스파크점화식 엔진과 1892년 루돌프 디젤(Rudolf Diesel)의 압축점화식 엔진을 기원으로 한다. 이후 화석원료를 동력원으로 하는 내연기관은 본격적인 자동차용 동력원으로 개발되기 시작하여 지금까지 소형화, 고효율화, 고출력화 및 유해가스 배출 감속 등을 개발 방향으로 하여 눈부신 발전을 거듭하여 왔으나, 기본 작동원리와 구조는 120여년이 지난 지금까지 변함이 없다. 그러나 최근에는 전세계적으로 대두되는 에너지 및 환경문제로 대체 에너지의 개발과 자동차 엔진의 기본적인 구조에 대한 새로운 도전이 시도되고 있다.

7
CHAPTER

자동차 엔진의 발달사

1. 자동차의 탄생
2. 내연기관의 태동
3. 초기의 발전
4. 자동차 대중화 시기
5. 대기오염과 연비
6. 새로운 전환기
7. 현대의 엔진

1. 자동차의 탄생

자동차의 원동력으로서 증기의 힘에 가장 처음 주목한 것은 만유인력의 발견으로 널리 알려진 영국의 물리학자 아이작 뉴턴이었다. 그는 어린 시절 주전자 안에서 끓고 있는 물의 증기가 뚜껑을 밀어올리는 것을 보고 증기력의 강한 힘을 알게 되었다. 뉴턴은 나이가 들어감에 따라 증기력을 원동력에 이용하려는 몇 가지 시도를 하였는데, 그 가운데 하나가 자주차(自走車)였다. 그는 바퀴가 달린 수레 위에 보일러를 설치하고 그 밑에 불을 지펴 증기를 발생시켜 이것을 가늘고 긴 관을 통해 뒤쪽으로 발사시킴으로써 그 추진력으로 차를 전진시키려 하였다.

〈그림 7-1〉 출처 : Roby at en.wikipedia.org

말하자면 오늘날의 로켓이나 제트기와 같은 원리를 이용한 추력(推力) 자동차이다. 하지만 고온 고압의 증기를 분사하는 자동차를 일반 도로 위로 달리게 할 수는 없는 일이어서, 그의 구상은 모형실험에 그쳤을 뿐 실제로 만들어지지는 못했다.

증기력이 자동차의 원동력으로 활용되기 시작한 것은 18세기 중엽 제임스 와트에 의해 증기기관이 완성된 뒤부터였다. 이후 18세기에는 산업혁명이 급속히 이루어지면서 석탄이나 각종 광석의 채굴이 활발해지는데, 바로 이들 탄광이나 광산에서 지하수를 퍼올리기 위하여 고안되어 발달한 것이 증기기관이었다.

1712년 토머스 뉴커먼은 그동안 이루어진 물리학 연구를 바탕으로, 실린더 안에 증기를 보내어 피스톤이 맨 위까지 밀려 올라가면 다시 냉수를 주입하여 증기를 냉각.응결.수축,대기압에 의해 피스톤을 다시 밀려 내려오게 하는 증기기관제작에 성공했다. 초기의 증기기관은 펌프를 움직이기 위해 만들어진 것이므로 왕복운동만을 하는, 순수한 증기기관이라기보다는 대기압 증기기관이라고 할 수 있었다. 이 뉴커먼의 기관을 개량하여 복동식(復動式)의 회전식 증기기관을 완성시킨 것이 제임스 와트이다.

와트의 증기기관은 작용을 끝낸 증기를 실린더 밖으로 끌어내 응축시킴으로써 열효율을 4배 향상시켰으며, 피스톤의 양쪽에 교대로 증기를 보내어 출력행정이 일정하고도 적극적으로 이루어지게 했다. 아울러 그때까지 왕복운동이었던 것을 회전운동으로 전환, 커넥팅 로드와 크랭크의 회전력을 통해 출력시키는 데 성공하였다. 18세기가 끝날 무렵에는 제분, 방직, 직물, 양조공장 등에서 기계를 움직이는 데 증기기관을 사용하기에 이르렀고, 이 과정에서 이른바 '말없는 마차'를 창조하기 위한 시도도 더욱 가시화되어 다음 세기 중반 무렵에는 유럽각지에서 증기자동차가 거리를 달리기 시작한 것이다.

2. 내연기관의 태동-4행정 피스톤 왕복운동 기관 (1800년대 말~1900년대 초)

1860년 르누아르(J. J. E. Lenoir)는 석탄가스를 이용한 최초의 내연기관을 발명했으며 2년뒤 보드 로샤(Alphonse de Rochas)는 현재 피스톤 왕복기관의 일반적인 구조인 4행정 엔진의 기본원리를 고안하였다. 그러나 보르 로샤는 그의 아이디어를 현실화 하는데 까지는 이르지 못하고

출처 : www.hyundai.com, 2012. 1. 20.
〈그림 7-2〉 가솔린 엔진

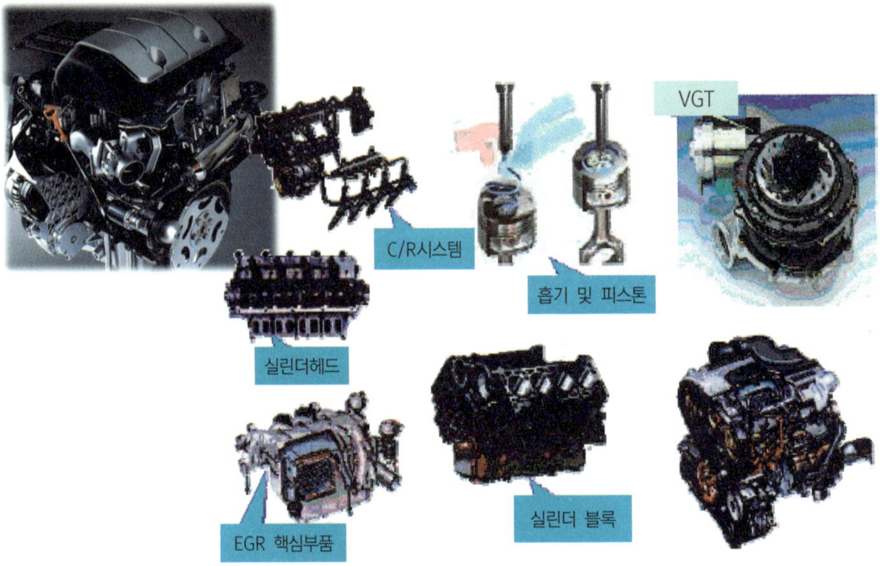

〈그림 7-3 a〉 디젤엔진 및 연료분사구조

그를 대신해 4행정 가스엔진을 완성하여 실용화 시킨 사람은 바로 독일의 오토였다. (오토가 4행정엔진을 발명한 이후에 보르 로샤의 특허가 먼저 고안되었다는 자료가 프랑스에서 발견되었다.

따라서 4행정 기관의 최초의 발명자에 대한 논란이 있기도 하지만 실용화에 성공한 오토의 이름을 따서 지금도 4행정기관의 기본원리를 오토싸이클이라고 부른다)

오토는 랑겐과 합작으로 오토-랑겐 가스엔진 공장을 설립하고 1876년 최초의 4행정기관을 개발하였다. 오토의 공장에는 다임러(Gottleb Daimler)라는 기술 책임자가 있었다. 그는 동료인 메이바하(Maybachs)와 독립된 회사를 차린 후 1883년 가솔린연료를 사용하는 기화기(Carburetor)방식의 소형 고효율 엔진을 개발한다.

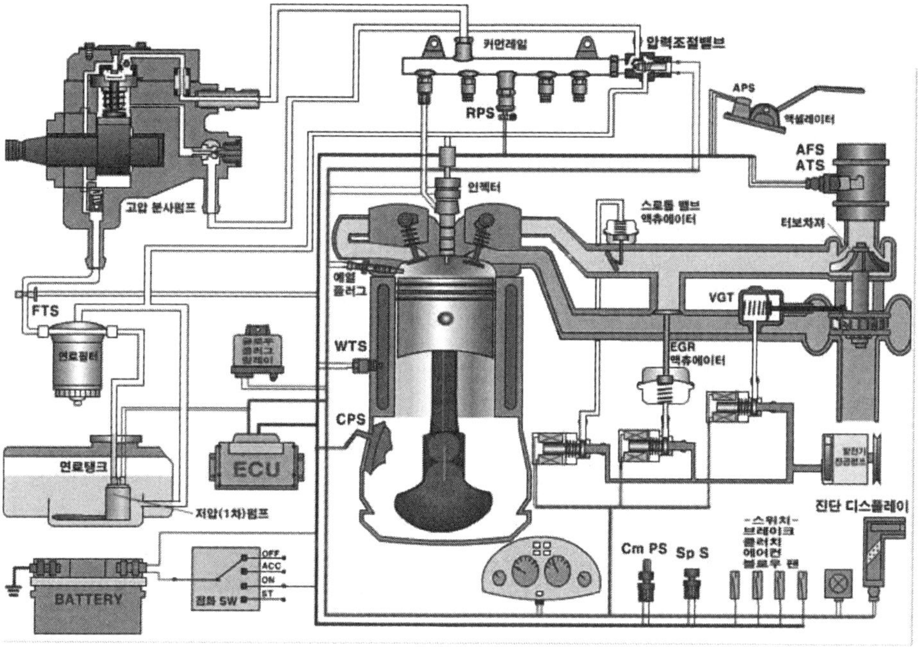

출처 : www.gmdaewoo.co.kr/kor/main.jsp, 2012. 2. 5.
〈그림 7-3 b〉 디젤엔진 및 연료분사구조

지금의 4행정 가솔린엔진의 기본구조를 완성한 것이다. 다임러의 최초 엔진은 462 cc 의 크기에 700 prm에서 1.1마력을 내였으며, 1885년에는 2륜 목재 자전거에 탑재하여 사상 최초의 모토 사이클을 만들고 이듬해 두 사람은 이 엔진을 네바퀴 위에 올렸다. 시속 16 km를 내는 최초의 가솔린 자동차의 탄생이었으며 이는 인류에게 기동성을 선물하였다. 같은 해(1886년) 벤츠(Karl F. Benz) 역시 오토의 4행정엔진을 개량한 엔진으로 다임러와 비슷한 개념의 자동차를 동시에 발명하였다.

한편 루롤프 디젤(Rudolf Diesel)은 1892년과 1893년에 별도의 점화장치 없이 연료의 압축착화를 이용하는 새로운 개념의 내연기관으로 특허를 얻어 1897년 MAN사의 지원을 받아서 최초의 디젤엔진을 제작한다. 디젤의 엔진은 오토엔진을 포함한 동시대의 다른 엔진에 비하여 고효율의 성능이 입증되어 많은 관심을 집중시켰다. 그러한 디젤은 그의 특허권에 일정한 압력에서만 작동해야 한다는 기술적인 제한을 명기하여 초기에는 저속운전의 발전기 등에만 적용되었으며 자동차 엔진용으로의 개발은 디젤이 사망한 후부터 본격적으로 시작되었다. 디젤은 특허의 독점권 문제와 자신의 연구에 대한 독일내의 비판 등으로 고심하던 끝에 1913년 프랑스에서 영국으로 건너던 도중 자살한 것으로 알려져 있다.

그러나 그의 가족을 비롯한 일부에서는 디젤엔진 개발과 관련한 모종의 음모가 개입된 의문사라는 주장이 제기되기도 하여 디젤과 그의 발명품에 대한 당시의 관심을 짐작할 수 있다.

이와 동시대에 여러 발명가에 의해 2행정 내연기관, 스털링엔진, 전기모터기관(전기자동차도 1800년대 후반 처음 등장함)등이 개발되었다. 그러나 이러한 발명은 기술적인 문제와 제한된 내용으로 자동차용 동력원으로 널리 사용되지 않았으며 오토와 디젤의 4행정 피스톤왕복 내연기관이 향후 자동차용 엔진의 주류를 이루게 된다.

3. 초기의 발전(1900년대 말~1950년)

1800년 후반 다임러, 벤츠, 르노, 피아트 등 유럽 각국을 중심으로 자동차회사가 설립되고 1900년까지는 유럽이 자동차 산업을 선도하게 된다. 그러나 1900년대에 이르러 미국으로 넘어간 자동차산업은 포드에서 완성한 대량생산 체계와 미국내 대규모 유전의 발견에 따른 저가 의 석유공급이 가능해 지면서 미국이 자동차산업의 주도권을 가지게 된다. 또한 1900년대 초부터 자동차의 대중화가 시작되어 많은 사람들이 자동차에 관심을 갖게 되고 엔진 또한 소형화, 고출력화를 위한 성능향상이 지속되었다.

다임러와 벤츠의 가솔린 엔진은 성능개발이 지속적으로 이루어지면서 승용차, 버스, 트럭, 항공용으로 계속 적용 범위를 넓혀 갔다. 1912년에는 미국의 GM에서 전기로 작동하는 스타터를 최초로 개발, 캐딜락에 적용하였고 곧 이어 연료펌프와 같은 부가 장치가 적용되었다.

1차 세계대전 이후에는 엔진 기술에 있어 중요한 전기를 맞게 된다. 엔진 연료의 연소 현상, 특히 노킹(Knocking)에 대한 연구에 획기적인 진전이 이루어져 1920년대 납(Lead) 성분이 노킹을 억제 한다는 사실이 발견되고 Tetraethyl Lead와 같은 첨가제의 개발과 양질의 가솔린 연료가 등장 하였다. 엔진의 압축비의 증가를 통하여 성능 및 효율이 개선되기 시작하였다.

자동차의 개발과 함께 등장한 모터 스포츠는 모든 엔진 기술을 집중하여 엔진 개발을 선도하였다. 단기통 엔진에서 출발한 가솔린 엔진은 유선형의 경주용차에 알맞게 소형화되고 체적당 출력은 획기적으로 증가 하였다. 또한 V형 엔진, 가솔린 인젝션 시스템, 실린더당 다밸브 적용, 슈퍼차저의 적용등 수십년 후에나 일반 승용차에 등장하게 되는 신기술들이 경주용 엔진을 통하여 이미 개발되기 시작하였다.

1906년 그랑프리 경주에 참가한 르노의 엔진은 직렬 4기통 12,986 cc의 배기량으로 1200 rpm에서 90마력의 출력을 냈으나 1934년 다임러-벤츠(다임러와 벤츠는 1926년 합병함)의 W25 모델은 직렬 8기통 3360 cc엔진으로 5800 rpm에서 354마력까지 출력이 증가하게 된다. 1938년 다임러-벤츠의 그랑프리 경주용차 W125는 히틀러가 건설한 고속도로에서 시속 432.7 km를 기록하여 나치 제국의 기술을 자랑하였다. 이 기록은 일반도로에서 이루어진 기록으로 지금까지 깨어지지 않고 있다.

디젤엔진의 개발도 지속되었다. 1912년 기계식 인젝션 시스템이 개발되어 본격적으로 자동차에 적용되기 시작하였으며 1924년 벤츠에서 개발된 디젤엔진이 트럭에 장착되었다. 1927년에는 로보트 보쉬에서 디젤 엔진용 연료 인젝션 펌프의 개발에 성공하여 승용차용 디젤엔진이 벤츠 및 MAN등에서 개발되기 시작하였으며 1936년에는 다임러-벤츠에서 실질적인 디젤엔진을 적용한 승용차를 생산하였다.

그러나 고객들은 무겁고 승차감이 좋지 않은 디젤엔진을 외면하였고, 그동안 많은 기술발전이 있어온 가솔린엔진을 탑재한 승용차를 선호하였다. 디젤 엔진은 트럭, 버스 등의 상용차 및 발전소, 선박 등의 초대형 엔진에 주로 적용 되었으며 승용차용 디젤엔진의 개발은 석유 파동이 발생하는 1970년대 이후로 미루어진다.

4. 자동차 대중화 시기(1950년~1970년)

2차례의 세계대전 후 자동차 수요가 급증하여 1950년대 과 60년대를 지나면서 미국과 유럽에서는 거의 모든 가정에 자동차가 보급되었다. 자동차의 급속한 보급과 함께 엔진 개발을 위한 체계적인 연구가 시작되었다. 연소특성, 흡배기계의 유동 특성, 운동부의 구조역학, 소음 및 진동 등 엔진에 관련된 분야뿐만 아니라 연비, 배출가스, 소재, 엔진 부품 개발의 전 분야에 대한 체계적인 개발이 시작되었다. 미국과 유럽의 고급차가 대형화됨에 따라 엔진도 큰 배기량과 강력한 파워를 갖는 방향으로 개발되었다.

V형 대영 엔진과 OHC(Over Head Camshaft) 형식의 실린더 헤드가 일반화 되고 슈퍼차저, 터보차저 등의 경주용 엔진에 적용되었던 개념이 일반엔진에도 반영되기 시작하였다. 포드의 머스탱(Mustang)과 같은 대중적인 스포츠카도 이 시기에 등장하였다. 반면에 프랑스, 이태리, 영국등 유럽의 값싼 소형차는 더욱 크기가 작아지면서 엔진의 소형화를 요구하였다. 한편, 1957년 반켈(Felix Wankel)은 소형, 고효율의 4행정 구조 로터리 엔진을 개발하였다.

오토와 디젤의 피스톤 왕복 운동식 엔진을 대체할 수 있는 획기적인 발명이었으나 고온, 기밀성, 배출가스등의 문제로 왕복운동 기관의 벽을 넘지 못한다.

1960년대 미국의 캘리포니아에서 자동차 배기가스에 대한 규제가 시작되고 곧이어 미국 전역과 유럽, 일본에서도 이와 같은 법률이 통과한다. 또한 1970년대 초의 중동전쟁은 석유파동을 야기하고 엔진 기술은 새로운 전환기를 맞는다.

5. 대기 오염과 연비(1970년~1990년)

1970년대의 석유파동으로 연료의 가격이 급등했다. 유가에 민감했던 유럽에서는 가솔린에 비해 연료비가 싸고 경제성이 뛰어난 디젤엔진이 부상했다. 소형의 간접분사식 디젤엔진이 유럽의 승용차시장을 잠식하기 시작하였으며 고속출력 증가를 위한 슈퍼차저 및 터보차저가 적용되었다. 그러나 미국에서는 디젤엔진 매연에 대한 거부감, 가솔린엔진보다 낮은 출력, 유럽에 비해 저가의 가솔린 등의 이유로 승용차에 적용되지 못하였다.

그러나 가솔린엔진도 경제성이 뛰어난 소형차의 선호가 높아지면서 엔진의 크기도 소형화되어 소형차 분야에 강세를 보이던 일본이 급부상, 미국 수입차 시장의 80%까지 차지하면서 한때 미국을 제치고 세계 최대의 자동차 생산국으로 성장한다. 한편, 고효율의 성능을 갖는 2행정 기관과 반켈 로터리 엔진에 대한 연구가 다시 시작되기도 하였으나 여러 가지 문제점을 극복하지 못하고 자동차의 주동력원으로의 등장은 실패하였다.

1980년대부터 본격화된 배출가스 규제는 모든 가능한 엔진 신기술의 적용을 가져다주었다. 배출가스 정화를 위한 촉매가 적용 되었으며 정밀한 혼합기 제어를 위해 전자제이식 엔진이 등장하여 화학 및 전자 관련 업체가 엔진의 중요한 부품 공급원으로 부상하였다.

연비향상 및 배출가스 저감은 엔진 성능에 역으로 영향을 미친다. 그러나 소비자는 계속 고성능을 요구하였으며 엔진기술은 성능, 배기, 연비의 세 마리 토끼를 모두 잡아야 했다. 여기에 일본의 엔지니어들은 빠르게 대응 하였다. 경주용 엔진에서 개발된 첨단기술을 일반승용차에 적용하고 연비향상에 필요한 신기술 도입을 서둘렀다. 전자제어 시스템, 다밸브 엔진, 가변 흡기 시스템, 가변 밸브 타이밍, 린번 엔진, 터보차저, 가볍고 내구성이 뛰어난 신소재등 수많은 신기술로 무장한 첨단 엔진이 계속 소개되었다.

사실 대부분의 신기술들은 이미 유럽과 미국에서 개발된 것으로 기술적 우위에 자부심을 갖고 있던 유럽, 미국의 엔지니어들은 일본의 빠른 기술 적용에 당황하였다. 그러나 곧 유럽과 미국의 엔진도 이러한 신기술을 적용하면서 1990년대 초에는 삼원촉매를 적용한 전자제어식 다밸브엔진이 가솔린 엔진의 기본형식으로 자리 잡게 된다.

6. 새로운 전환기(1990년대 이후)

배출가스 규제는 계속 강화되어 미국 캘리포니아주는 2000년대에는 일정 비율의 무공해차량의 의무적인 판매를 요구하였다. 이는 전기 자동차와 대체연료 자동차의 개발을 의미하는 것으로 자동차 동력원을 석권해온

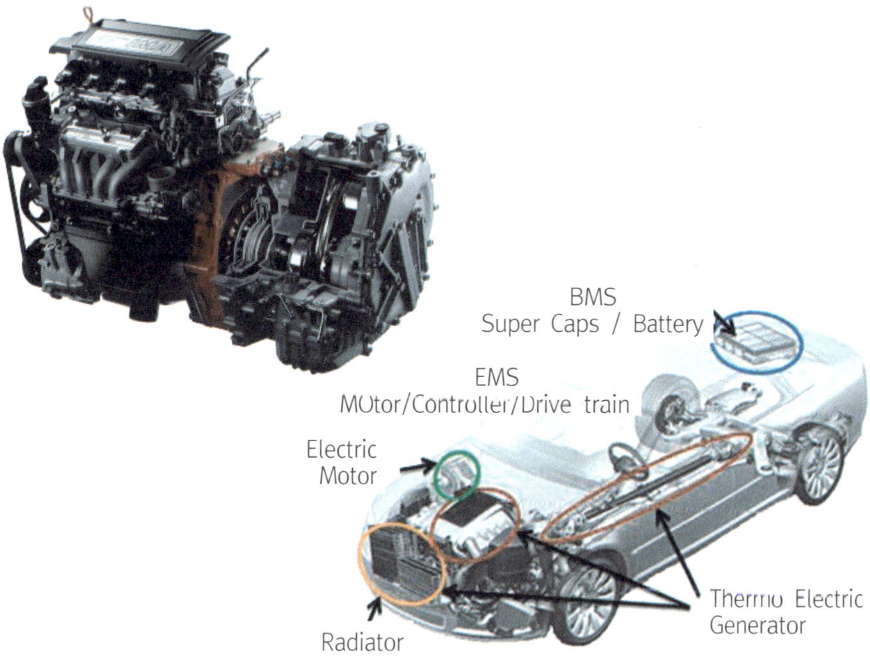

〈그림 7-4〉 하이브리드 엔진구조
출처 : www.toyota.co.kr/toyota/hybrid, 2012. 3. 5.

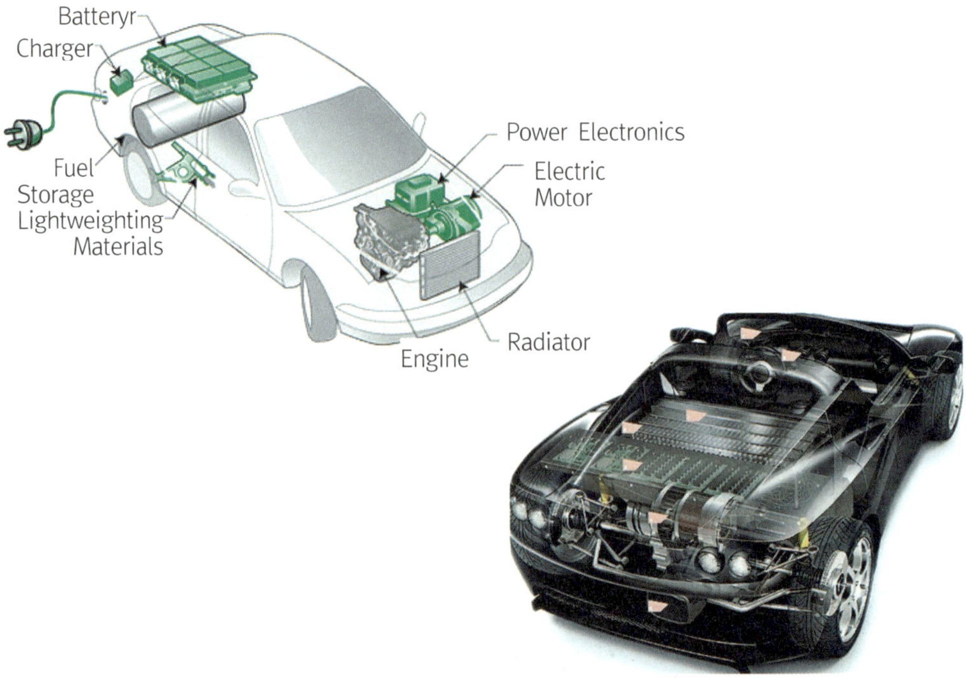

출처 : http://navercast.naver.com/contents.nhn?contents_id=4006, 2012.3.6.
〈그림 7-5〉전기자동차

내연기관의 생존을 위협하기 시작하였다. 한편 이산화탄소의 감축을 위한 기후변화협약이 1992년 브라질의 리우에서 채택되었다. 1997년 교토의정서를 통하여 각국의 이산화탄소 감축 목표를 2008년부터 140 g/km로 규제한다고 발표하여 전세계 자동차업계를 긴장시켰다.

이산화탄소는 엔진 연비와 직접 관계가 있으며 140 g/km의 규제는 1990년대 자동차 평균연비의 25%이상 향상을 요구하는 것으로 엔진기술은 새로운 도전에 직면하였다. 기존의 가솔린엔진은 배출가스 규제와 연비향상을 위한 노력이 계속 진행되고 디젤엔진에도 전자제어 방식이 도입되고 디젤용 촉매가 적용되었으나 21세기의 규제에 적합한 엔진개발에 한계가 있음을 인식하고 새로운 개념의 동력원을 도입해야 했다.

전기자동차가 100년만에 다시 등장, 본격적인 연구가 진행되었으며, 내연기관은 새로운 시스템의 개발을 시작하였다. 1996년에는 미쯔비시가, 1997년에는 도요타와 닛산이 기존 엔진보다 20%이상의 연비향상과 우세한 성능을 가지는 직접분사식 가솔린엔진(GDI엔진)을 출시하면서 일본이

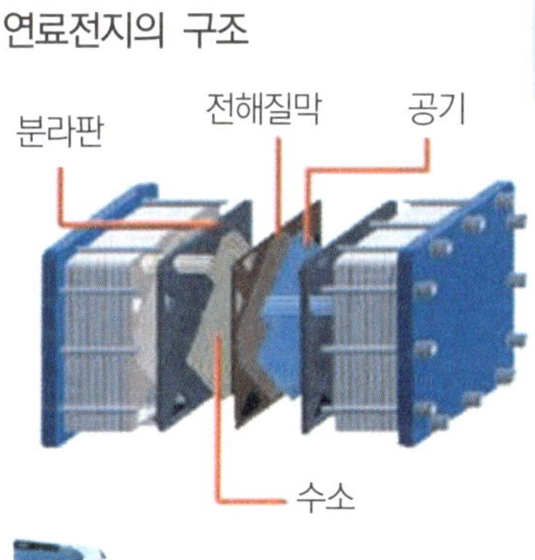

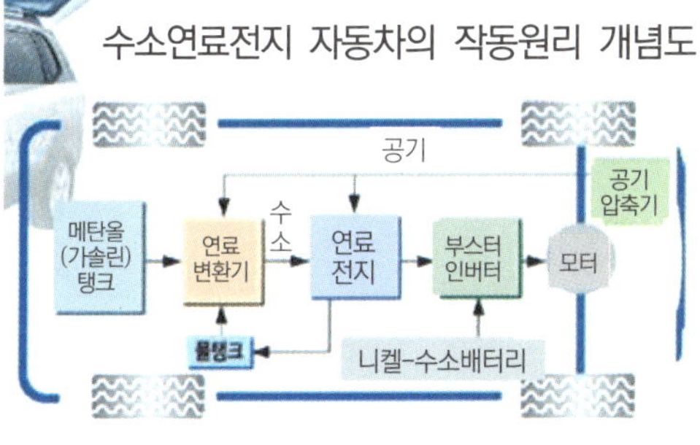

출처 : www.bmw.co.kr/kr/ko, 2012. 1. 25.
〈그림 7-6〉수소엔진 및 수소연료전지자동차

차세데 내연기관을 선도하는 듯 하였다.

또한 1997년 도요타는 가솔린엔진과 전기모터를 혼합하여 27.8 km/L의 연비를 실현한 하이브리드 자동차 프리우스(Prius)를 발표하여 전기자동차의 실용화를 선언하였다. 그러나 곧 유럽의 반격이 시작되었다. 축적된 디젤엔진 기술을 바탕으로 1999년 독일의 폴크스바겐은 고속직접분사식(HSDI) 디젤엔진을 탑재한 세계 최초의 3리터 카(3리터 연료로 100 km 주행) 루포(Lupo)를 출시, 차세대 내연기관은 전자제어식 HSDI 디젤엔진이 차지할 것임을 예고하였다.

전기자동차는 배터리 및 전기충전 등의 문제로 순수 전기모터로 구동되는 시스템에 대한 한계를 느끼고 하이브리드 시스템 및 연료전지(FuelCell)등으로 개발방향을 선회한다. 특히 연료전지는 궁극적으로 내연기관을 대체할 수 있는 동력원으로 평가 받고 있다. 또한 CNG, LPG, 메탄올, 수소, 태양열등의 대체 에너지를 이용한 동력원에 대한 가능성도 지속적으로 연구되고 있다.

21세기는 어떠한 시스템이 자동차의 주 동력원이 될 것인가. 많은 전문가들은 21세기의 자동차 동력원은 내연기관에서 연료 또는 하이브리드 시스템을 사용하는 전기자동차로 전환될 것으로 예상한다. 한편에서는 HSDI 디젤엔진 및 직접분사식 가솔린엔진이라고도 한다. 또한 기존의 가솔린엔진도 지속적인 기술개발로 당분간 주 동력원으로서의 역할을 계속할 것으로 예상한다.

내연기관의 시대가 막을 내리고 연료전지 등의 새로운 시스템이 등장할 것인가. 디젤엔진이 가솔린엔진을 밀어 내고 승용차까지 점령할 것인가. 아니면 신기술로 무장한 가솔린엔진이 계속 맹주의 자리를 지킬 것인가. 21세기로 막 들어선 지금 자동차용 엔진의 개발은 중요한 전환점을 맞고 있다.

7. 현대의 엔진

1) 디젤 엔진

경유를 연료로 하는 디젤엔진의 작동은 4사이클 엔진과 거의 같다. 다른점은 흡입할 때 공기만 연소실에서 받아들이며 압축비를 대단히 높게 하고 연료를 연소실에 분사하는 압축비는 16~23:1 정도로 가솔린의 2배 정도이고 실린더내에 흡입된 공기는 압축시켜 약 500℃에 가까운 고열로 만들어 착화온도가 300℃인 경유를 자연착화시킨다.

가솔린엔진은 회전수를 높이기 위해 엑셀 페달로 트로틀 밸브를 열어 공기의 양을 증가시키지만, 디젤엔진은 항상 대량의 공기를 흡입해야함으로 트로틀 밸브는 없고 회전수를 올리기 위해 엑셀 페달을 밟아 펌프로부터 들어오는 경유의 양을 늘리는 방법을 쓰고 있다

2) 로터리 엔진

로터리 연소기관(Rotaring Combustion Engine)은 독일인 Felix Wankel이 고안한 것으로 1924년 이래 개발되어 1959년에 다시 N.S.U회사가 실험연구에 성공하여 로터리 기관을 장착한 Wankel 승용차를 발표하였다. 그 후 여러 나라에서는 Wankel 회사와 기술 제휴하여 실용화를 위한 독자적 연구를 하고 있다. 로터리 기관과 왕복

피스톤 기관의 다른 점은 회전력(Torque)의 발생 과정에 있다. 종래의 왕복 기관은 가스의 폭발력으로 직선운동을 하는 피스톤의 힘이 커넥팅 로드(Connecting Rod)의 중개로 크랭크축(Crank Shaft)에 회전력을 공급하지만 로터리 기관에서는 로터(Rotor)의 한 면에 가해지는 폭발력으로 로터 주축이 편심을 이루고 있으므로 직접 주축에 회전력이 전달된다.

3) LPG 엔진

LPG(Liquefied Petroleum Gas./액화석유가스)는 원유를 정제하는 도중에서 나오는 부산물의 하나로 Propane과 Butane을 주성분으로 하며 혼합비율과 온도에 따라 가스압이 변화하므로 가스압이 떨어지면 연료의 공급이 잘 이루어지지 않기 때문에 계절에 따라 혼합비율을 조정하고 있다. LPG의 발열량은 약 12,000 kcal/kg으로 가솔린에 비해 600~800 kcal/kg정도 높고 연료소비량도 적으며 연료가격도 싸기 때문에 경제적이다. LPG 차량은 증기압을 이용하여 연료를 공급하기 때문에 연료펌프는 불필요하지만 연료의 강압, 기화, 압력 조절의 기능을 갖는 Vaporizer와 혼합기 유량을 조정하는 Mixer(LPG 전용 차량의 경우)또는 Adaptor + Carburetor(LPG/Gas 겸용 차량 경우)가 필요하다.

자동차 인문학을 품다

2013년 1월 15일 초판 인쇄
2017년 2월 25일 2쇄 발행

저　　자　채영희, 신명호, 오창호, 정주연, 손정현, 이연원
발 행 인　송기수
발 행 처　도서출판 GS인터비전
편 집 처　도서출판 GS인터비전
인 쇄 처　대명프린팅
등록번호　제 313-2011-120 호
I S B N　978-89-97231-60-7(03550)

주　　소　서울 마포구 신수동 448-6
전　　화　02-976-7898, 3272-7898, 3273-7898
팩　　스　02-6468-7898
홈페이지　www.gsintervision.co.kr
이 메 일　gsinter7@gmail.com

정 가　17,000 원